世界建筑艺术设计概论

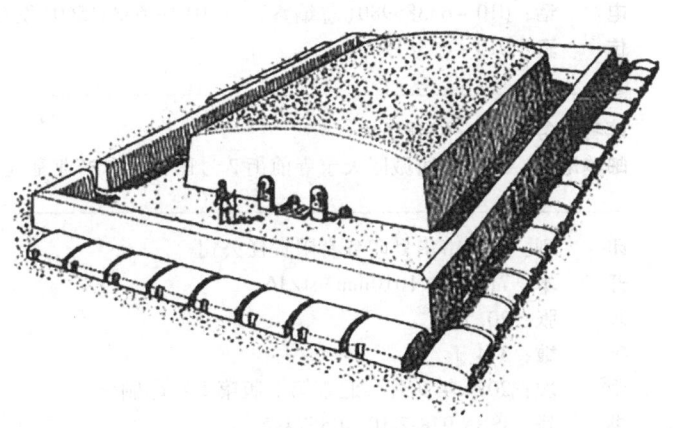

中国戏剧出版社
CHINA THEATRE PRESS

图书在版编目(CIP)数据

世界建筑艺术设计概论 / 孙彤, 姚远著. -- 北京：中国戏剧出版社, 2024.9. -- ISBN 978-7-104-05574-7

Ⅰ．TU-861

中国国家版本馆CIP数据核字第2024RX0456号

世界建筑艺术设计概论

责任编辑：邢俊华
责任印制：冯志强

出版发行：	中国戏剧出版社
出 版 人：	樊国宾
社　　 址：	北京市西城区天宁寺前街2号国家音乐产业基地L座
邮　　 编：	100055
网　　 址：	www.theatrebook.cn
电　　 话：	010-63385980（总编室）　010-63381560（发行部）
传　　 真：	010-63381560

读者服务：010-63381560
邮购地址：北京市西城区天宁寺前街2号国家音乐产业基地L座

印　 刷：	新乡市华夏印务有限责任公司
开　 本：	710mm×1010mm　1/16
印　 张：	20.5
字　 数：	314千
版　 次：	2024年9月　北京第1版第1次印刷
书　 号：	ISBN 978-7-104-05574-7
定　 价：	128.00元

版权专有,违者必究;如有质量问题,请与出版社联系调换。

前　言

　　建筑，作为人类文明的重要载体，见证了岁月的变迁、社会的演变、文化的兴衰。它不仅仅是人类遮风挡雨的庇护所，更是凝固的艺术，承载着人类的智慧、情感与梦想。一部建筑史，蕴含着一部人类文化史。建筑艺术，作为人类创造力与智慧的璀璨结晶，以其独特的魅力和深远的影响力，成为我们生活中不可或缺的一部分。

　　《世界建筑艺术设计概论》全面阐释了世界主要国家建筑的发生、发展和演变，系统介绍了各种建筑流派的体系特点和构成形态，综合论述了各种建筑风格产生的地理、历史及文化等原因，深刻分析了建筑典型实例中的创作思想和设计手法，从而使读者了解建筑艺术成就的多样性和丰富性，理解建筑艺术的社会功能和变化规律，认识建筑艺术的本质，进而提升文化艺术修养，开拓思维空间，提升环境艺术设计的创作境界。

　　本书以历史发展演变的视角审视中外主要时期典型建筑的产生及发展，探究其在建筑艺术史中以及在文化史中的历史地位。中国部分，主要阐述中国封建时代典型木制建筑的特点及文化属性，包含宫廷建筑、民用建筑、坛庙建筑。国外部分，文章将从十个历史时期展开分析：公元前1700年以前，原始社会时期，各文化群体独立发展，建筑艺术各具特色；公元前1700—公元前1400年，爱琴文化时期，地中海地区城邦林立，海洋文化下的建筑艺术风格清新、奔放；公元前800—公元前500年，古代希腊时期，欧洲古典建筑风格逐渐形制化；公元前500年—5世纪，古代罗马时期，政治影响范围的扩大带动古典建筑艺术波及范围的扩大；6—10世纪，罗马帝国崩溃，欧洲封建政教合一制度初现，基督教建筑兴起；11—12世纪，罗曼时期，社会相对稳定，罗马式教堂建筑盛行；13—15世纪，哥特时期，文化科技进步，哥特式教堂高耸云间；15—17世纪，文艺复兴时期，人文意识觉醒，建筑追求整体性及唯美性；18—19世纪，资产阶级革命时期,欧洲民族建筑风格兴起;20世纪至今,现当代时期,简约与丰富并存。

在本书中,我们将一同踏上穿越时空的旅程,领略从古埃及金字塔的神秘庄严到现代摩天大楼的高耸入云,从古希腊石制建筑的优雅比例到中国古代木制建筑的诗意婉约。我们将深入剖析建筑艺术的形式与功能、结构与材料、空间与光影之间的微妙关系,揭示其背后蕴含的美学原理和文化内涵。

艺术为建筑锦上添花,建筑与艺术相辅相成。从历史的角度来看,许多古老的建筑本身就是杰出的艺术作品。它们不仅具有实用功能,还通过精美的装饰、独特的造型和比例展现其美学价值。艺术赋予建筑以情感和灵魂,给人带来美的感受和精神上的满足。建筑也是艺术的一种表达形式,它以巨大的体量和持久的存在方式展示着人类的创造力和对美的追求。希望本书能为读者打开一扇通向建筑艺术世界的大门,让读者对建筑艺术有更全面、更深入的认识和理解。无论是立志投身于建筑设计领域的学子,还是对建筑艺术充满好奇与热爱的人,都能从中获得启发和感悟,感受到空间力量与形式美感的震撼,领略到建筑功能及形式之美。

希望本书能够激发读者对建筑艺术的热爱,培养其敏锐的审美眼光,并使读者在建筑的广袤天地中找到属于自己的思考与感悟,领略这一人类文明瑰宝的无穷魅力。

目　　录

第一章　上古时期世界主要地区的建筑特点

第一节　古代埃及的巨石建筑 …………………………… 002
第二节　古代西亚的生土建筑 …………………………… 016
第三节　古代希腊的柱廊式建筑 ………………………… 022
第四节　古代罗马的券柱式建筑 ………………………… 030
第五节　古代拜占庭的集中式建筑 ……………………… 050

第二章　意大利的建筑特色（11—19 世纪）

第一节　中世纪的罗马风建筑 …………………………… 056
第二节　中世纪的意大利建筑 …………………………… 057
第三节　文艺复兴时期的意大利建筑 …………………… 064
第四节　文艺复兴时期的广场建筑 ……………………… 073
第五节　文艺复兴时期的府邸建筑 ……………………… 078
第六节　文艺复兴晚期的巴洛克建筑 …………………… 081
第七节　古典复兴时期的折中主义建筑 ………………… 090

第三章　法国的建筑特色（12—19 世纪）

第一节　以法国为中心的古堡、商堡 …………………… 092
第二节　以法国为中心的哥特式教堂 …………………… 099
第三节　法国古典主义的宫殿建筑群 …………………… 105
第四节　法国洛可可风格的室内建筑 …………………… 116

第五节　法国古典主义的广场与城市建筑 …………………… 118
第六节　古典复兴时期的帝国风格建筑 ………………………… 124
第七节　古典复兴时期的折中主义建筑 ………………………… 127
第八节　古典复兴时期的理性主义建筑 ………………………… 131

第四章　欧美各国的建筑风格(13—19世纪)

第一节　英国的建筑 ……………………………………………… 136
第二节　荷兰的建筑 ……………………………………………… 146
第三节　德国的建筑 ……………………………………………… 149
第四节　西班牙的建筑 …………………………………………… 155
第五节　俄罗斯的建筑 …………………………………………… 162
第六节　美国的古典复兴建筑 …………………………………… 169

第五章　伊斯兰国家和地区的建筑风格

第一节　西亚及两河流域早期的清真寺建筑 …………………… 174
第二节　伊斯兰的清真寺建筑 …………………………………… 177
第三节　中亚国家和伊朗的建筑 ………………………………… 181
第四节　印度的伊斯兰建筑 ……………………………………… 184
第五节　土耳其的清真寺建筑 …………………………………… 186

第六章　古代中国的建筑艺术

第一节　中国木构建筑的特点 …………………………………… 190
第二节　中国的传统民居建筑 …………………………………… 198
第三节　中国古代的宫殿建筑 …………………………………… 210
第四节　中国古代的坛庙建筑 …………………………………… 216

第七章 现代主义建筑及现代建筑大师与其作品

第一节 19世纪末至20世纪初对新建筑的探索 …………… 228
第二节 现代主义建筑的发展状况 …………………………… 239
第三节 现代主义建筑的设计原则 …………………………… 240
第四节 现代主义建筑的重要贡献 …………………………… 242
第五节 格罗皮乌斯与理性功能主义建筑 …………………… 243
第六节 勒·柯布西耶与粗野主义建筑 ……………………… 248
第七节 密斯·凡·德·罗与技术精美主义建筑 …………… 255
第八节 赖特与有机主义建筑 ………………………………… 264
第九节 阿尔托与人文及地域主义建筑 ……………………… 278
第十节 斯东与典雅主义建筑 ………………………………… 287
第十一节 小沙里宁与有机功能主义建筑 …………………… 290

第八章 后现代主义建筑与当代建筑流派

第一节 人文主义与人文主义建筑 …………………………… 294
第二节 后现代主义建筑的代表性建筑 ……………………… 296
第三节 后现代主义建筑设计特点及分类 …………………… 301
第四节 当代建筑的主要流派——高技派 …………………… 306
第五节 当代建筑的主要流派——解构主义 ………………… 312
第六节 当代建筑中其他流派的建筑 ………………………… 314

参考文献 ……………………………………………………… 319

第一章

上古时期世界主要地区的建筑特点

上古时期世界主要地区的建筑以古代埃及、古代西亚、古代希腊、古代罗马及古代拜占庭建筑最具代表性。这些国家和地区主流建筑的产生与当时的人类信奉原始的拜物教有很大关系。上古时期的建筑开创了人类建筑史从无到有的局面,建造了人类第一批巨大的纪念性建筑。奴隶制社会建立后,人类开始了大规模的建筑活动,产生了最早的住宅、庙宇、陵墓、宫殿、府邸等类型的建筑和城市雏形。此时,中国处于尧舜氏族社会时期(公元前21世纪以前)。

第一节　古代埃及的巨石建筑

公元前32世纪—公元前3世纪,尼罗河两岸产生了第一批人类用巨大石材建造的纪念性建筑,它们具有震慑人心的艺术魅力。巨石建筑的产生与当时古代埃及的地理环境、文化特点、宗教信仰、社会形态、技术条件等各方面都有密切的关系。

纪念性建筑包括陵墓、寺庙、教堂、纪念碑、博物馆等具有历史纪念意义的建筑,是单纯为精神服务建造的建筑,巨石建筑就属于此类建筑。

古代埃及人建造的巨石建筑,形成了最早的巨石建筑艺术,这与古代埃及人的信仰有着密切关系。古代埃及人崇拜太阳,信奉太阳神教,在祭祀阶层的神化下,他们将法老称为太阳神的儿子,代表太阳神来管理和统治埃及。

一、古代埃及金字塔的演化

金字塔是公元前3200年—公元前2130年,古代埃及古王国时期(第一至第十王朝)最具代表性的巨石建筑。金字塔是陵墓建筑,从它诞生以来,经历了以下四个阶段的演化。

(一)梯形陵墓

梯形陵墓以玛斯塔巴为代表。

古代埃及最早的梯形陵墓源自对当时贵族的长方形平台式砖石住宅的模仿。在古代埃及第三王朝之前，人们相信人死后灵魂不灭，3000 年后就会自极乐世界复活永生，于是贵族们就开始注重陵墓的修建。陵墓模仿宅室的修建，以泥砖为主要建筑材料，内有厅堂，墓室在地下，上下有阶梯或斜坡甬道相连，古代埃及人称为"玛斯塔巴"①（图 1-1-1、图 1-1-2），后来的金字塔便是从此发展起来的。

图 1-1-1　玛斯塔巴示意图

图 1-1-2　玛斯塔巴建筑

（二）多层台阶式金字塔

多层台阶式金字塔以萨卡拉的左赛尔金字塔为代表。

古代埃及人认为法老是太阳神的儿子，神的儿子是不会死亡的，法老死了仅仅是法老的灵魂暂时离开了，3000 年以后灵魂还会回归肉体的，肉体必须永

---

① 陈春红.古代建筑与天文学[D].天津大学,2012:91-92.

久保存。所以陵墓的建造必须选用好的材料，只有高大的陵墓才能与太阳的距离更近，才便于法老的灵魂回归肉体。于是在尼罗河的上游开采了巨大的石材用于建造陵墓，因此出现了用巨大石材建造的多层台阶式金字塔。

多层台阶式金字塔的典型代表为位于萨卡拉的左塞尔金字塔。（图1-1-3）左塞尔金字塔是古代埃及第三王朝法老左塞尔的陵墓，是现存最古老的金字塔之一，也是全球最早用石块建造的建筑。它呈6层阶梯状，高60米，周围有众多贵族和大臣的墓葬，墓内精美的浮雕壁画描绘了古代埃及人的工作和日常生活。左塞尔金字塔因其独特的历史和文化价值成为古代埃及文明的杰出代表，为全球文化遗产添上了珍贵一笔。

图1-1-3　左塞尔金字塔

（三）折线形金字塔

折线形金字塔以乃富鲁金字塔为代表。（图1-1-4）

图1-1-4　乃富鲁金字塔

折线形金字塔是对于多层台阶式金字塔线条的简化。古代埃及的金字塔建筑是从堆土为山的简单形体演变成多层折线形的。

(四)正四角锥形金字塔

正四角锥形金字塔以吉萨高地的金字塔群为代表。(图1-1-5)

图1-1-5　吉萨金字塔群

正四角锥形金字塔与折线形金字塔相比,其线条更加简化和挺拔,也更震撼人心。吉萨金字塔群主要由胡夫金字塔、哈夫拉金字塔、门卡乌拉和狮身人面像(斯芬克斯)(图1-1-6)等组成,其中,胡夫金字塔最大。

图1-1-6　狮身人面像

二、古代埃及峡谷里的陵墓

中王国时期,古代埃及首都搬至上埃及的底比斯。由于当地峡谷狭窄,两侧是陡峭的悬崖,传统的金字塔艺术在这里不再适用。为了符合当地贵族的传统,法老们开始在山崖上凿出石窟作为陵墓。因此,为了适应地理条件,法老们纷纷效仿当地贵族的惯例,开始在山崖上凿出石窟用作陵墓。这一变化反映了他们设计墓地的灵活性,同时也体现了地域特色在古代埃及建筑中的重要作用。

主要年代:公元前2130—公元前1580年,古代埃及中王国时期(第十一至十七王朝)。代表建筑有如下两座。

(一)曼都赫特普三世墓

曼都赫特普三世墓(图1-1-7)建筑群有严正的纵轴线,充分表现出对称构图的庄严性。雕像、建筑物及院落和大厅,按纵深序列布置。比起古王国时期金字塔那种原始、直觉的处理,当时人们对建筑艺术的理解明显更深了。但利用悬崖则依旧可见金字塔的构思,其仍然是将法老的威力当作自然力的表现,有一种浑朴而粗犷的气度。古代埃及峡谷里的法老陵墓是世界上柱廊式建筑的发源地,但它没有传承下来,是古代希腊将它总结、提炼,形成建筑模式,之后才被古代埃及人所传承。柱廊式建筑有其独特、典型的艺术风格,空间层次感强,光影变化丰富。

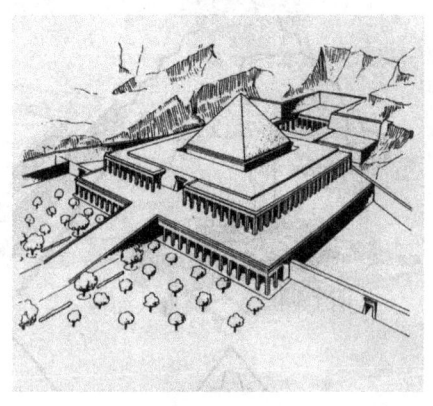

图1-1-7　曼都赫特普三世墓复原图

(二)哈特什帕苏墓

哈特什帕苏墓(图1-1-8)是古代埃及新王朝时期的女法老哈特什帕苏为自己修建的陵墓。哈特什帕苏墓建筑群的总体规划和艺术设计与曼都赫特普三世墓基本相似,但它的建筑规模更大,正面更开阔,与悬崖的结合也更为紧密,轴线更长,并彻底淘汰了金字塔的建筑形式。哈特什帕苏墓柱廊比例和谐,柱子形体为方形,柱高为柱宽的6倍,柱间距为柱宽的2倍,柱廊庄严而不沉重。该陵墓华丽,布满圆雕、壁画,而且色彩鲜艳。陵墓第二层台基之上,柱廊的每根柱子前面均有一尊女法老的立像,她穿着彼岸之神的服装。这种柱子叫奥西里斯柱,是法老祀庙所特有的标志。

图1-1-8 哈特什帕苏墓

三、古代埃及的神庙建筑

金字塔有着惊人的体量感和对称稳定的外形,足以使站立在它面前的人们感到自己的渺小,这庞大的建筑物是人死后升入天堂观念的物化。公元前16世纪,古代埃及进入新王国时期。直至公元前11世纪,由于峡谷里的陵墓这种建筑形式过度劳民伤财,再加上宗教倾向的转变,神庙建筑逐渐取代了金字塔而成为修建的主要对象。

古代埃及的神庙建筑非常注重建筑内部空间的营造,神庙内设有大量法老战争胜利或虔诚供奉神灵时的壁画,以此向民众展示法老的神圣权威。神庙建筑多以石块砌筑,它模仿人世间的阳宅建造,建筑空间分为内院、大柱厅和神堂。神庙的大门前有一对方尖碑和法老雕像,正面墙上刻有浮雕颜色较为艳丽。大厅柱子直径较大,以此来渲染圣庙的气氛。

主要年代:公元前1582—公元前332年,古代埃及新王国时期(第十八至三十五王朝)。代表建筑:卡纳克阿蒙神庙、卢克索神庙、阿布辛波石窟庙。

(一)卡纳克阿蒙神庙

卡纳克阿蒙神庙(图1-1-9)建于中王国时期,于新王国第十八王朝进行扩建,于第十九和二十王朝修缮。其独特之处在于拥有10座门楼,其他庙宇一般只有1座。供奉阿蒙神的主殿外还有专门庙宇供奉阿蒙的儿子柯恩斯神和阿蒙的妻子穆特神。古代埃及的卡纳克阿蒙神庙建筑中最主要的特征就是拥有大柱厅(图1-1-10),其长366米,宽110米,总面积约5000平方米,包括6道大厅和16排、134根石柱。中央两排的柱子最高,直径3.57米,高21米,上面承托着长9.21米、重65吨的大梁,柱顶的柱帽处面积较为宽广,可以容纳近百人,是罕见的。

图1-1-9　卡纳克阿蒙神庙　　图1-1-10　神庙大柱厅复原图

(二)卢克索神庙

卢克索神庙(图1-1-11)是古代埃及第十八王朝的第十九个法老艾米诺菲斯三世(公元前1398—公元前1361年在位)为祭奉太阳神阿蒙、他的妃子及

第一章　上古时期世界主要地区的建筑特点

儿子修建的。后来拉美西斯二世进行了进一步的扩建,并在神庙门口竖立了六尊拉美西斯塑像(目前仅存三尊)和一座巨大的方尖碑。(图1-1-12)这些举措使得神庙的规模和建筑布局得以保留。

第一扇塔门之后有两排石柱环绕着四周的中庭,中庭北部入口是柱廊,共有14根柱子,高约14米,十分美丽壮观。这些柱子的柱顶设计成优美的芦苇草茎形状,每一根都象征着法老的威严。(图1-1-13)

图1-1-11　卢克索神庙

图1-1-12　卢克索神庙入口处

图1-1-13　卢克索神庙内柱式

(三)阿布辛波神庙

阿布辛波神庙(图1-1-14、图1-1-15)是古代埃及新王国第十九王朝(公元前13世纪)著名法老拉美西斯二世修建的,坐落于尼罗河畔,是埃及力量的象征。阿布辛波神庙位于纳赛尔湖西岸,这座神庙的设计元素包括牌楼门、雕像、前后柱厅和神堂。阿布辛波神庙是岩石雕刻而成的巨型神庙,一共有两座。第一座神庙是为了祭祀普塔赫神、阿蒙拉神、拉哈拉赫梯神以及神化的拉美西斯二世而建。而第二座则是专为女神哈托尔和拉美西斯二世的夫人奈菲尔塔瑞王后而设计的。

图1-1-14　阿布辛波神庙1

图1-1-15 阿布辛波神庙2

阿布辛波神庙十分注重室内空间营造,空间内布满了雕塑,顶棚、墙面布满了壁画。这两座岩庙不仅雕刻了在所有神庙中都能找到的宗教仪式,还镌刻了描绘王国军队作战的纪念场面和相关的铭文。更神奇的是,尼罗河上清晨的第一道曙光恰好射入神庙墓室深处的壁画上。(图1-1-16)

图1-1-16 曙光射入阿布辛波神庙内的壁画上

四、古代埃及的建筑艺术

古代埃及的宗教有一个突出的特点,就是信奉的神数目众多,包括动物、各种自然物等。这些众多的神没有系统化,彼此之间缺乏有机的联系,往往由于没有明显的个性而混为一体。

尽管不同地区有不同的地方神和当地的众神殿,但是"瑞"和"奥西里斯"均被法老视为与自己有血缘关系的保护神。太阳是生命的源泉,是人类生存所依和生活所系,因此受到原始人类的普遍崇拜。大概是因为太阳的光芒普照大地,上下埃及统一之后,太阳神就成了历代王朝的最高保护神。公元前2650年—公元前2500年的第四王朝、公元前2500年—公元前2350年的第五王朝,法老开始自称为瑞神之子。在古代埃及绘画中经常可见太阳的形象,如王后头上的太阳(图1-1-17)、蛇卷着太阳,都体现了古代埃及人对太阳的崇拜。

图1-1-17 古代埃及法老与王后彩画

圣船过天河彩画(图1-1-18)体现了尼罗河生生不息与生命的循环轮转。古代埃及不论是在绘画中还是在浮雕中,人物形象只表现侧面,没有透视,但是捕捉了人最闪光时刻的动态表情,这体现了古代埃及艺术所具有的感染力,色彩浓烈,画面协调。(图1-1-19、图1-1-20)

图1-1-18 古代埃及圣船过天河彩画

第一章　上古时期世界主要地区的建筑特点

图 1-1-19　古代埃及浮雕中的人物 1

图 1-1-20　古代埃及浮雕中的人物 2

　　鹰被视为法老与天神的使者,鹰头上的两层帽子,代表上下埃及的统一。霍鲁斯是统一上下埃及的法老,霍鲁斯死后化为鹰,作为使者向太阳神汇报人间的信息,因而鹰形成为一种特殊的艺术形象,铭刻在古代埃及人的心中,并不断警示着后人。(图 1-1-21、图 1-1-22)

013

图1-1-21　太阳神鹰——霍鲁斯示意图

图1-1-22　太阳神鹰——霍鲁斯雕像

在古代埃及第五王朝期间,以赫列欧帕里斯为核心的"太阳之城"崛起,成为王朝的中心。这一时期,该城的地方保护神阿图姆的地位逐渐抬高,与瑞神合二为一,形成了阿图姆-瑞神(图1-1-23)。阿图姆-瑞神成为全国崇拜的主导神,金字塔经文生动描绘了阿图姆-瑞神的神性。他被描绘为自给自足的创造者,缔造了诸神和整个宇宙。阿图姆-瑞神最开始为狮子的形象,后来逐渐成为人形。瑞神不仅被认为是世界的创造主,而且按照他的旨意建立起世界的秩序,祭司们还把这种世界秩序人格化为一个神——麦特。麦特是瑞神的女儿(图1-1-24),是神的代表,众神与世人皆要遵守麦特建立的秩序,法老的任务就是在世界上维护麦特的秩序。

图1-1-23　阿图姆-瑞神示意图

图1-1-24　麦特雕像

古代埃及整体艺术风格非常稳定,而且有明显的等级区分。它以写实风格为主,以理想化风格为辅,壮丽、宏伟、明确。建筑具有体量感惊人、形式对称、外形稳定的艺术特点。绘画、壁画线条流畅优美而且色彩丰富,人物画像为正面和侧面混合的画法,有非常浓郁的名筑气息和神秘色彩。雕塑朴实写实,整体性强,有观念化、概念化和程式化倾向,雕塑的姿势都是直立的,双臂紧靠躯干,正面直对着所有人,根据人物尊卑决定比例大小,非常注意对头部的刻画。经过时间的洗礼和历史的沉淀,古代埃及的建筑艺术愈显独特、灿烂。

第二节　古代西亚的生土建筑

古代西亚地区包括两河流域、伊朗高原、小亚细亚、叙利亚、巴勒斯坦。

古代两河流域与古代埃及的发展基本同步,但是伊朗高原的抬升稍微滞后。在古代西亚地区,人们主要信奉原始的拜物教,世俗建筑占主导地位,拥有多种建筑形制和丰富多彩的装饰手法。两河流域下游的高台建筑、叙利亚和波斯的宫殿建筑以及宏伟的新巴比伦城都是该地区建筑的代表。

一、高台建筑

西亚的土壤中含有丰富的石油,该地区雨水不多但是多为暴雨,气候干燥,绿色植物和石材较为稀少。(图1-2-1)该地区砖的生产量有限,土坯在建筑中发挥了重要的作用,成为主要的建筑用材。该地区与周围国家交流频繁,并且深受外来文化影响,故创建了城郭、山岳台等建筑形制。

图1-2-1　两河流域的地理风貌

(一)城郭(生土建筑)

由于西亚干旱、石材少,故出现了大量的用土坯、树干、芦苇等材料建造的生土建筑,如城郭。(图1-2-2)

第一章 上古时期世界主要地区的建筑特点

图1-2-2 西亚生土城郭遗迹

(二)山岳台

山岳台又称观象台,是古代西亚人崇拜山岳、崇拜天体、用来观测星象的塔式建筑物,它是用土坯或夯土建造的多层高台建筑。山岳台一般为7层,自下而上逐层缩小,有坡道或者阶梯逐层通达台顶,顶上有一间不大的神堂。坡道或阶梯有正对着高台立面的,有沿正面左右分开上去的,也有螺旋式的。最具代表性的是乌尔山岳台(图1-2-3)。

图1-2-3 乌尔山岳台

乌尔山岳台主要用夯土筑成,表面砌筑了厚达2.4米的砖层,砌体的每个侧面内倾,同时每侧又砌有外凸的扶壁,基底面积为65米×45米,总高约21米,总体形象极为稳定,气势宏大。

二、宫殿建筑

(一)萨艮二世王宫

萨艮二世王宫(图1-2-4)是亚述王国时期的重要建筑,其建筑风格深受古代巴比伦及古代埃及的建筑风格的影响,规模宏大,超过了以往的任何一座建筑。宅门均用土坯或夯土建造,装饰豪华。宫墙满贴彩色琉璃面砖,大门上雕刻着五条腿的人首翼牛像(图1-2-5),从正面、侧面看起来均形象完整,象征着智慧和力量,守护着宫殿,极具地域艺术特色。

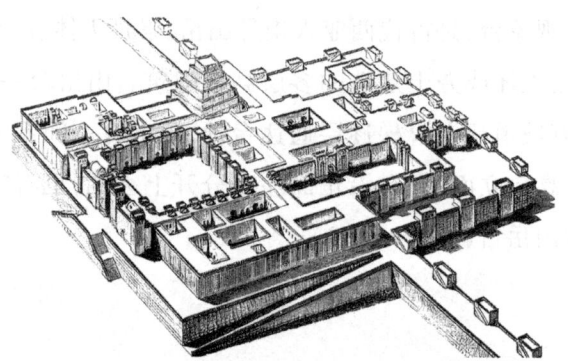

图1-2-4 萨艮二世王宫想象复原图

图1-2-5 人首翼牛像

(二)帕赛玻里斯宫

帕赛玻里斯宫是公元前518年—公元前460年波斯王大流士和泽尔士所造的宫殿。伊朗高原盛产硬质彩色石灰,再加上气候干燥炎热,所以建筑多为石梁柱结构,有敞廊。该建筑群依山建于高15米、面积460米×275米的大平台上,入口处是壮观的石砌大台阶层(图1-2-6),宽6.7米,邻近两侧刻有朝贡行列的浮雕(图1-2-7),前有门楼(图1-2-8)。中央为接待厅和百柱厅,东南面为宫殿和内宫,周围是绿化和凉亭等,布局整齐但无轴线关系。大殿结构之轻、空间之宽敞,在古代世界建筑中居于第一位。

图1-2-6 石砌大台阶层

图1-2-7 帕赛玻里斯宫城墙上的浮雕

图1-2-8　帕赛玻里斯宫万国门

三、新巴比伦城

这座城市位于幼发拉底河和底格里斯河的交汇处,是古代两河流域地区最壮丽、最繁华的都城之一。城内最引人注目的建筑之一就是尼布甲尼撒王宫——"空中花园"(图1-2-9),更是城市的一大亮点。新巴比伦建筑的特点之一是装饰豪华,色彩绚丽。巴比伦城的伊什塔尔城门(1-2-10)的墙面都覆盖着彩色琉璃砖,在蓝色瓷砖上又镶嵌着狮子、公牛和鲛龙等琉璃浮雕装饰。

图1-2-9　"空中花园"想象图

第一章 上古时期世界主要地区的建筑特点

图1-2-10 伊什塔尔城门复原图

由于西亚的地理、气候及地质特点，生土建筑大量建造，这促进了烧制技术的发展，丰富了建筑饰面材料。公元前4000年，出现了在建筑外立面密集排列的陶钉，公元前3000年，西亚建筑又出现了色彩斑斓的琉璃，产生了大量琉璃砖及琉璃砖浮雕。(图1-2-11至图1-2-14)

图1-2-11 琉璃砖

图1-2-12 琉璃砖墙

图1-2-13 琉璃浮雕1

图1-2-14 琉璃浮雕2

第三节 古代希腊的柱廊式建筑

古代希腊是一个地区的总称,并非指一个国家。古代希腊位于欧洲的东南部,地中海的东北部,包括希腊半岛、爱琴海和爱奥尼亚海上的群岛和岛屿,以及土耳其西南沿岸、意大利西部和西西里岛东部沿岸地区。该地区为地中海气候。

古代希腊汲取了古代埃及、两河流域、伊朗高原的很多建筑经验,再加上自己独有的建筑特色和艺术特点,形成了完整的建筑、艺术体系。古代希腊文化闪耀着人文主义的光芒,古代希腊建筑开拓了欧洲建筑的先河,形成了经典的建筑形制,具有完美的艺术形象、严谨的建造原则,为人类建筑做出了宝贵贡献。这种文化被称为海洋文化,是人类历史中的蓝色文明,也因此在世界范围内发扬光大。

一、古代希腊的文化与宗教

古代希腊的文化十分繁荣,它自由民主的城邦开创了人类自由、平等、民主宪政的先河。古代希腊文化作为古典文化的代表,具有深刻的人文主义理念。它重视个人价值,追求自由、平等和民主,在西方乃至世界都具有极其重要的地位。

古代希腊宗教渊源极其深厚,加之城邦林立且政体与经济形态各异,因此古代希腊人信奉多位神灵,如居住在奥林匹斯山的12位神灵,各地还有自己崇拜的保护神、小神灵以及英雄人物。

克诺索斯宫殿是古代希腊早期整个欧洲最气派、最豪华的建筑,也被称为"迷宫",位于克诺索斯一座名叫凯夫拉山的缓坡上,是一座规模巨大的多层平顶式建筑。尽管经过多次破坏和重修,但其内部空间仍显示出其奥妙非凡。宫内过道和楼梯曲折迂回,穿堂入室,楼上楼下高低错落,使人眼花缭乱。(图1-3-1、图1-3-2)

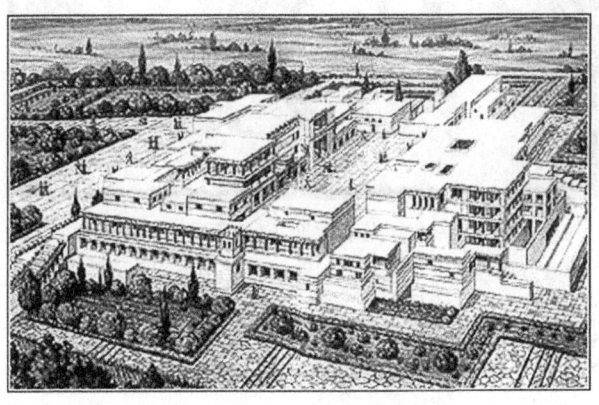

图1-3-1　克诺索斯宫殿

图1-3-2 克诺索斯宫殿剖面图

克诺索斯宫殿也被称作"艺术之宫",它的建筑装饰丰富多彩,那些为数众多的壁画更是古代希腊早期克里特文化的瑰宝。那些壁画形象生动,又富有情趣,是古代希腊绘画艺术最突出的代表。(图1-3-3、图1-3-4)

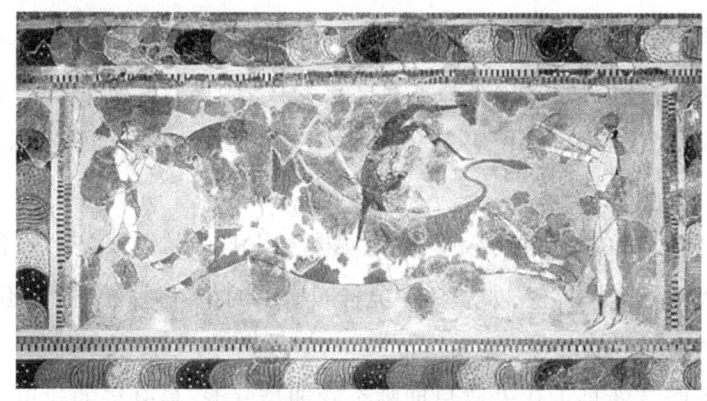

图1-3-3 诺索斯王宫东翼壁画——杂耍

图1-3-4 克诺索斯王宫壁画——贵妇人

二、古代希腊建筑柱式的三种形态

从公元前7世纪末起,古代希腊的公共建筑均采用石材建造(除屋架之外)。神庙是古代希腊城邦中最主要的大型建筑,其典型建筑形制是柱廊式建筑。由于石材的力学特性是抗压不抗拉,故建筑的结构特点是密柱短跨。柱子、额枋和檐部的构造基本上决定了神庙建筑的外立面形式。古代希腊对建筑艺术的种种改进,也都集中在这些构件的形式、比例和相互组合上。公元前6世纪,这些建筑形式已初步定型,有了成套定型的建筑形制(图1-3-5)。古代希腊的典型柱式有3种:多立克、爱奥尼、科林斯。(图1-3-6)

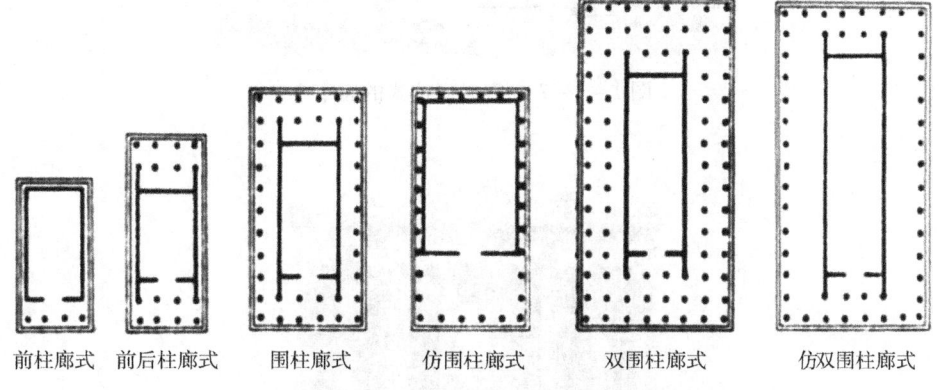

图1-3-5 古希腊神庙平面建筑形制

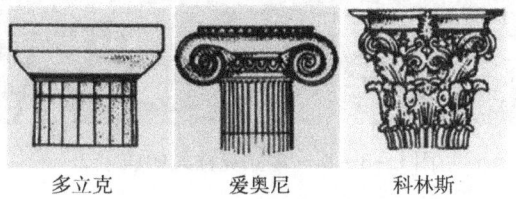

图1-3-6 古希腊柱式三种形态

(一)多立克柱式

多立克柱又称为"男性柱",外部轮廓为圆柱。多立克柱没有柱础,柱础直接置于阶座上,柱身是由鼓形石料叠垒起来,具有粗壮、刚劲雄健、浑厚有力的特点。柱身表面刻有尖锐连续的凹槽,沟槽数目的变化范围在16—24条,代表了男性的阳刚之美。著名的帕提农神庙的外围柱廊采用的就是多立克柱式。(图1-3-7、图1-3-8)

图1-3-7　多立克柱式的庙宇1

图1-3-8　多立克柱式的庙宇2

(二)爱奥尼柱式

爱奥尼柱又称为"女性柱",柱子由3部分——柱头、柱身、柱础组成。柱头有两个硕大的涡卷和装饰带,柱身纤细,形体呈上细下粗的形状,柱身上的凹槽为半圆形。爱奥尼柱给人一种精巧清秀、柔美典雅、阴柔的感觉。由于优雅高贵的气质,爱奥尼柱式广泛应用于古代希腊建筑中,例如雅典卫城上的胜利女神神庙和伊瑞克提翁神庙(图1-3-9)。

图1-3-9 伊瑞克提翁神庙

(三)科林斯柱式

科林斯柱由三部分组成:柱头、柱身、柱础。科林斯柱形体细长、纤巧精致、高贵华丽,四个侧面都有花卷形植物纹样。该柱式追求精细匀称和华丽纤巧,柱头以忍冬草形象作装饰,形似盛满花草的花篮,代表着生命的华贵之美。(图1-3-10)

图1-3-10 科林斯柱式庙宇

三、雅典卫城的伟大成就

雅典卫城被称为"希腊最杰出的古建筑群",是综合性的公共建筑,更是希腊宗教政治的中心地。它的建造是为了赞美雅典、纪念反侵略战争的胜利,炫耀雅典在古代希腊各城邦国中的霸主地位,并以此吸引各城邦的人前来,以繁荣雅典的宗教和文化,给自由民提供就业机会。(图1-3-11、图1-3-12)

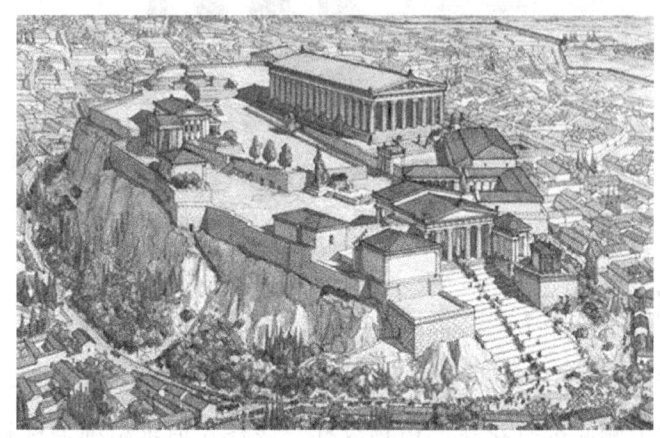

图1-3-11　雅典卫城复原图

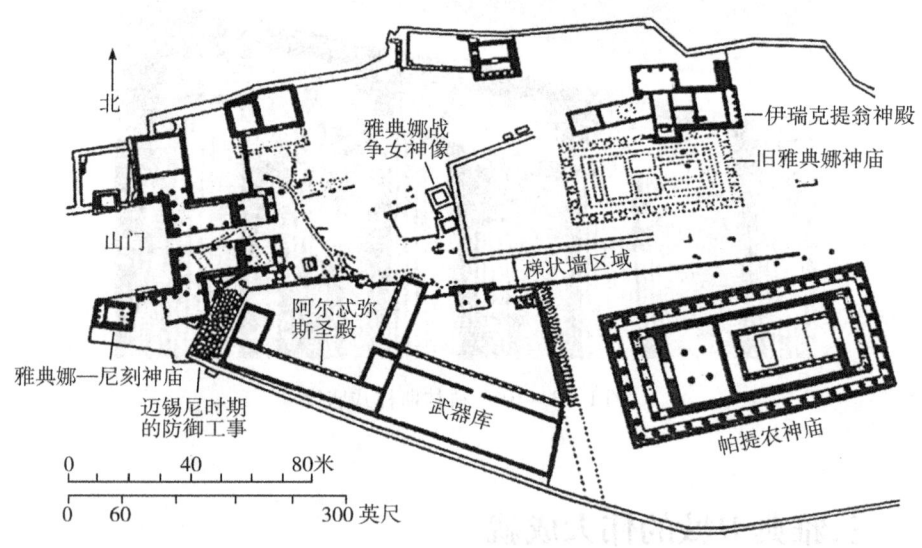

图1-3-12　雅典卫城总平面图

雅典卫城建筑的空间布局有序且层次分明,具有依次展开、相继呈现、前后呼应、主次分明、条理井然的特点。建筑和雕塑交替使用,构成了整体布局的核心,呈现了对立统一的原则。这种结构不仅体现了历史发展脉络,也为卫城增添了艺术美感,而整体布局追求对称、协调和秩序,凸显了空间中的和谐对比。(图1-3-13)

图1-3-13　自西南望去的雅典卫城

雅典卫城坐落于卫城山巅,由卫城山门、胜利女神神庙、雅典娜雕像(图1-3-14)、帕提农神庙(图1-3-15、图1-3-16)和伊瑞克提翁神庙等构成。雅典卫城是古代希腊卓越文化传统的代表,彰显了高尚、淳朴、宏伟的希腊艺术精神,是圣地建筑群的巅峰之作,也是人类建筑史和艺术史上的骄傲。

图1-3-14　智慧与胜利女神——雅典娜雕像

图1-3-15　帕提农神庙

图1-3-16　帕提农神庙正面

第四节　古代罗马的券柱式建筑

古代罗马原是希腊的一个小城邦,但在公元前5世纪建立了共和政体。到了公元前3世纪,古代罗马征服了整个亚平宁地区。随着时间推移,古代罗马的统治范围逐渐扩大,覆盖了从叙利亚和埃及到北非、西班牙、高卢(即今法国)和不列颠的广大地域。到了公元前1世纪末,古代罗马已经成为一个拥有

第一章 上古时期世界主要地区的建筑特点

百万人口的大都市。在这一时期,古代罗马城的发展推动了大规模的城市基础设施建设,尤其是供水和用水设施的兴建成为一项重要的建筑亮点。罗马在公元前30年成为帝国后,各位罗马皇帝通过建筑彰显自己的地位和成就,为此拉开了持续400多年的大规模建筑时代,对欧洲及全球未来几千年的建筑影响深远。

古代罗马建筑直接继承并发展了古代希腊和希腊化时期的建筑成就,并将其推向新的高度。古代罗马建筑规模宏大、质量卓越、分布广泛,涵盖丰富的建筑类型。其建筑形式成熟,艺术表现完善,设计手法多样,结构水平高超,可谓奴隶社会建筑的巅峰之作。

古代罗马对世界建筑有着重大贡献主要包括:

(1)辉煌的拱券技术。

(2)自然混凝土的产生。(图1-4-1)

(3)柱式的定型与发展。

(4)创建多种建筑形制。

(5)建立了科学的建筑理论。

(6)创造了城市供水方式。

(7)开创了房地产的开发和应用模式。

(8)建造了百万人口的特大城市。

(9)解决了大型公共建筑的空间和功能问题。

一、辉煌的拱券技术

古代希腊的梁柱结构在跨度和高度方面都有很大的局限性:两个立柱之间的跨度为4—6米,能支撑2层楼房的压力。古代罗马人在传承古代希腊柱技术的同时,独创了拱券结构,使得建筑内部空间更加宽阔,建筑物在这时发展得更加宏伟和多样化。古代罗马的拱券技术可以说是结构技术与建筑形态的完美结合。(图1-4-2至图1-4-5)

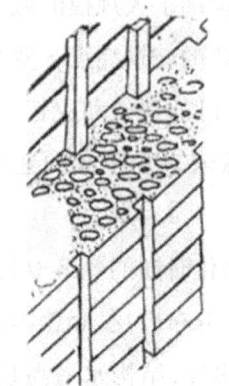 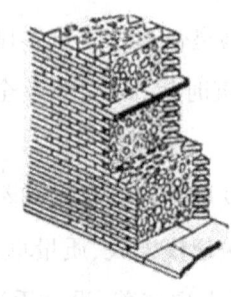 

支护模板中间浇筑混凝土　　两道墙体作为模板浇筑混凝土　　以混凝土浇筑拱券

图1-4-1　古代罗马自然混凝土的施工方法

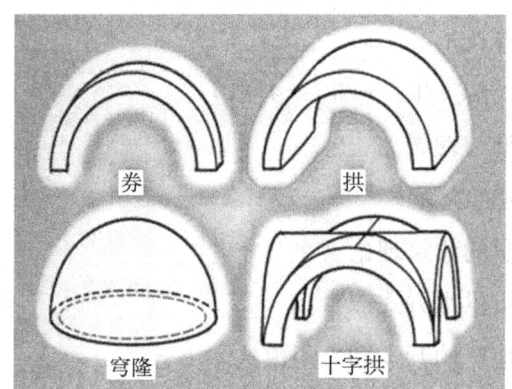

图1-4-2　拱券的几种空间形态

图1-4-3　以弗所的石拱券

图1-4-4　拱券空间形态

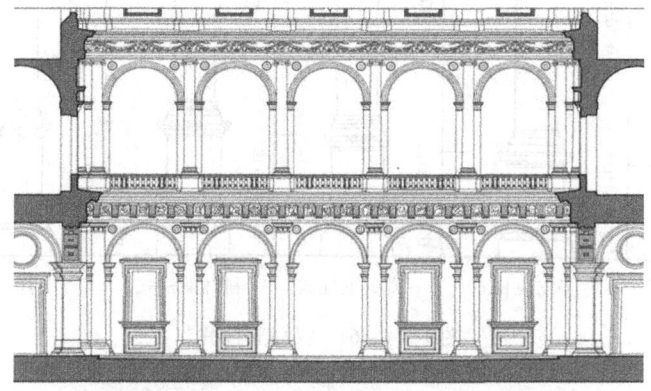

图1-4-5　拱券在大型公共建筑中的使用

二、柱式的定型与发展

　　罗马柱式起源于希腊柱式,是希腊三柱式的延续和发展,古代罗马人在希腊三柱式的基础上发展了塔司干柱式和组合柱式,合称罗马五柱式(图1-4-6)。塔司干柱式风格简约朴素,类似于多立克柱式,但是同多立克相比省去了柱子表面的凹槽。塔司干柱柱身长度与直径的比例大约是7∶1,显得粗壮有力。组合柱式是将爱奥尼克柱式柱头上的涡卷加入科林斯忍冬草柱头上。为了建造出大型公共建筑,古代罗马人将拱券与立柱相结合(图1-4-7),并采用叠柱法和巨柱法以满足多层或高大建筑的需要,从而形成了古代罗马建筑的券柱式立面(图1-4-8)和独特的大型公共建筑的立面艺术。

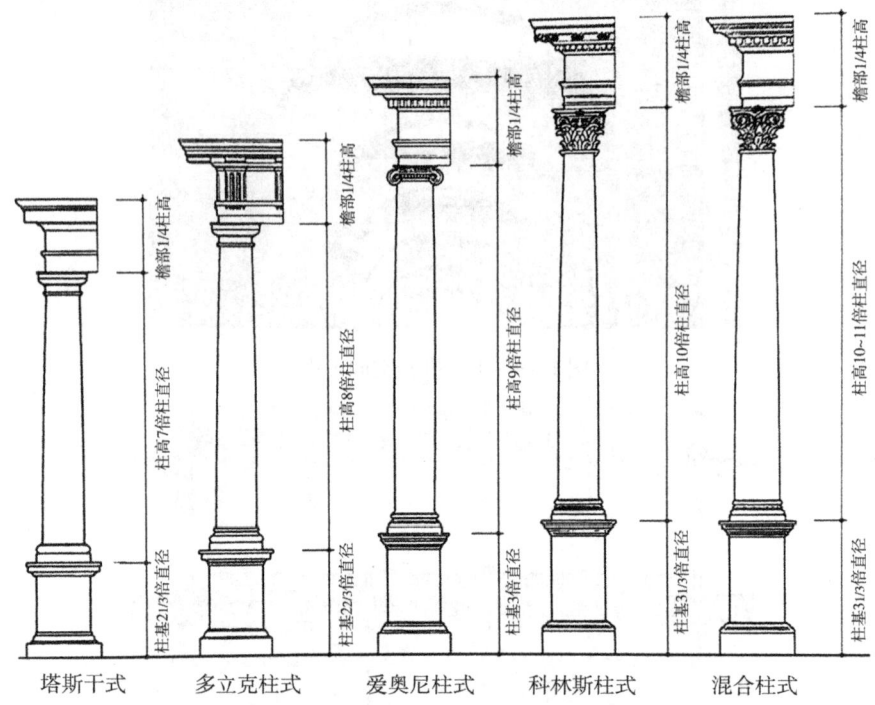

图1-4-6 罗马五柱式

图1-4-7 拱券和柱式组合构造图

图 1-4-8 拱券和柱式组合立面

三、创建了多重建筑形制

（一）凯旋门与道路建设

1世纪前后，古代罗马已扩张成为横跨欧、亚、非三洲，称霸地中海的庞大罗马帝国，并建立了规模宏大的古代交通运输网。凯旋门是古代罗马执政官为炫耀其侵略战争胜利而创造出的纪念性建筑物。尤其到了古代罗马帝国时期，几乎每一次重大战役胜利后都要建立凯旋门。此习俗后为欧洲其他国家所沿用。凯旋门常建在城市主要街道中或广场上，它用石块砌筑，形似门楼，有一个或三个拱券门洞，形体高大，进深较厚，威武雄壮，上刻宣扬统治者战绩的浮雕及铭文。

1. 提图斯凯旋门（81年）

提图斯凯旋门（图1-4-9）是罗马皇帝为自己兴建的凯旋门，是一座典型的单拱洞式凯旋门，整体呈现出稳定和庄严的氛围。提图斯凯旋门主体结构采用混凝土浇筑，外部覆盖以白色大理石，使其外观高贵而耐久。檐壁上雕刻着凯旋时向神灵献祭的场景，呈现出庄重肃穆的氛围。而立面上采用的组合柱式是罗马现存的组合柱式最早的实例之一。提图斯凯旋门上的浮雕是用大理石制成的，生动地展现了提图斯军队高兴地抬着从耶路撒冷神庙带回的战利品，穿过象征罗马胜利的凯旋门。浮雕虚实结合，创造了生动的空间感，尽管人物

不多,但通过动势表达,呈现出宏伟气势。(图1-4-10)

图1-4-9 提图斯凯旋门

图1-4-10 提图斯凯旋门雕塑

2. 君士坦丁凯旋门(312年)

君士坦丁凯旋门(图1-4-11)建于315年,是为了庆祝君士坦丁大帝战胜马克森提皇帝,实现罗马帝国的统一,这场具有历史意义的胜利。凯旋门上的浮雕板取自其他罗马建筑,主要展示了历代皇帝的成就,而下部则展现了君士坦丁大帝在战场上的英勇场景。

图 1-4-11　君士坦丁凯旋门

(二) 纪念性广场与城市建设

古代罗马时期，人们的信仰由泛神论逐步过渡到个人崇拜，从而为执政官（帝王）修建了封闭式的纪念性广场。广场四周设有很高的围墙，广场上集中了大量宗教性和纪念性建筑物。南、北两侧有长方形会堂巴西利卡，供审判和集会用。广场中间是罗马执政官（大帝）的雕塑，东端是庙宇和凯旋门，西端有检阅台和另一座凯旋门。广场西北角的元老院和门前的集议场是政治中心。（图1-4-12、图1-4-13）

图 1-4-12　古罗马广场复原图

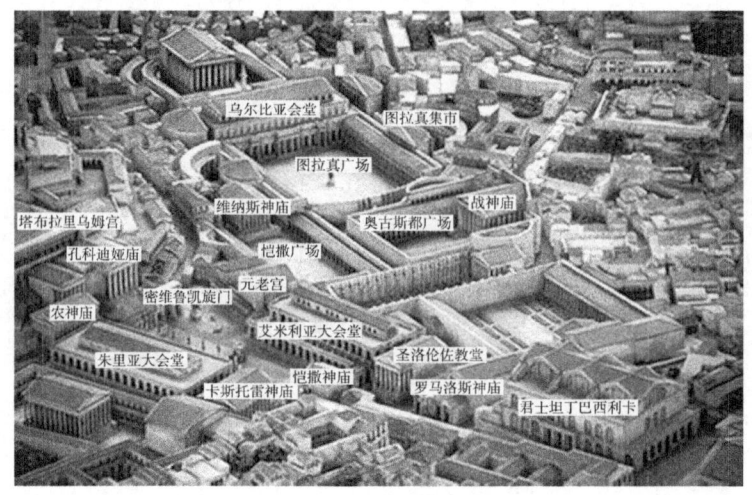

图1-4-13　帝国广场群复原模型

古代罗马广场在建筑风格上有两个特点：第一，通过建造周边围合形建筑可形成进行讲演、祭祀、纪念活动等之用的围合空间；第二，建筑设计在意味上充满了对执政官（帝王）的崇拜。

1. 恺撒广场（公元前54—公元前46年）

罗马共和国末期，执政官恺撒擅权之后，建造了一个封闭的、按有完整规划的广场。（图1-4-14）它的后半部是围廊式维纳斯庙，广场成了庙宇的前院。广场中间立着恺撒的骑马镀金青铜像，恺撒广场第一个确定下了封闭的、轴线对称的、以一个庙宇为主体的广场的新形制。

图1-4-14　恺撒广场遗迹

第一章　上古时期世界主要地区的建筑特点

2.图拉真广场（109—113年）

图拉真广场建于107年，是为了纪念图拉真执政官（帝王）远征罗马尼亚获胜而建。记功柱（图1-4-15）由18块希腊产的大理石砌成高30米的圆柱，其表面雕刻着达齐亚战争场面的宏大。这些雕刻异常精致，气势磅礴，给人一种恢宏的感觉。图拉真记功柱上的雕刻数量庞大，仅各种人物就达到2500多个。浮雕按照故事情节分布，自底向上延伸达200米。

图1-4-15　记功柱

（三）剧场建筑

古代罗马时期的剧场（图1-4-16、图1-4-17）已不像古代希腊那样依山势而建造。成熟的拱券技术使得剧场的建筑摆脱了自然地形的限制。

图1-4-16　马切罗剧场

世界建筑艺术设计概论

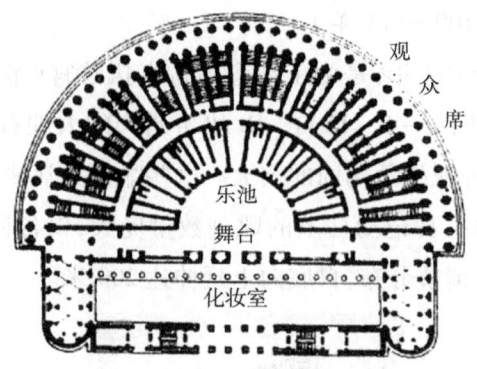

图 1-4-17　马切罗剧场平面

古代罗马剧场展示了古代罗马辉煌的建筑与灿烂的艺术。券柱式的建筑立面,内部装饰超豪华。观众席平面呈半圆形,一系列的放射形的筒形拱把观众席一层层架起,剧场的布局以纵向过道为主、横向过道为辅。观众根据票号从不同的入口、楼梯进入,进而到达各自的座位区域。这种设计使得人流不会交叉,方便观众的聚散。舞台高耸,前方设有乐池。此外,剧场内设有三层化妆楼,化妆楼的立面被设计成舞台的背景。化妆楼的两端突出,形成了台口的雏形。(图 1-4-18)

图 1-4-18　奥朗治剧场的观众席、乐池、舞台

(四)庙宇建筑

古代罗马继承了古代希腊的宗教,其宗教中泛神论与个人崇拜共存,同时也继承了希腊的宗教建筑形制,但神庙建筑形式以矩形为主,为前柱廊式建筑形式。

罗马城的万神庙(图1-4-19)代表着古代罗马穹顶技术的最高成就。重建后,万神庙穹顶(图1-4-20)直径达43.3米,顶端距地43.3米,在它的中央开有一个直径8.9米的圆洞,阳光通过圆洞照射到空阔的内部,形成了一束通天之道,将神的世界和现实中人的世界紧密地联系在一起,设计出神秘而庄严、肃穆而丰富的空间艺术。

图1-4-19　罗马万神庙

图1-4-20　万神庙穹顶

(五)角斗场与帝国政体

角斗场起源于古代罗马的共和末期,遍布于古代罗马各大小城市,是古代罗马帝国代表性建筑之一,同时也是古代罗马建筑的杰出代表作。作为体育建筑的先驱,角斗场的平面形式在其时期创新卓越,且其设计理念一直延续至今。

古代罗马角斗场是古代罗马帝国专供奴隶主、贵族和自由民观看斗兽或奴隶角斗的地方。古代罗马大角斗场平面呈椭圆形,长轴188米,短轴156米,分5个区,60排座,坡度升起62度,可容纳5万至8万人。建筑共有4层,券柱式立面,高48.5米。(图1-4-21至图1-4-23)

图1-4-21　角斗士(马赛克镶嵌画)

图1-4-22　古罗马大角斗场1

图1-4-23　古罗马大角斗场2

(六)公共浴场与社会活动

古代罗马的公共浴场被认为是古代罗马建筑的最高成就之一。这些浴场将运动场、图书馆、音乐厅、交谊室、商店、洗浴等多种功能组合在一起,形成了综合性、多功能的大型公共建筑群。公共浴场不仅仅是提供洗浴的场所,更是古代罗马贵族主要的社会活动场所。复杂的功能需求,对提高建筑技术客观上具有一定的推动作用。3世纪时成熟的十字拱和拱券平衡体系,为大型公共浴场的建造提供了必要的保障。(图1-4-24至图1-4-26)

图1-4-24　古罗马浴场浴室原理图

图1-4-25　古罗马浴场墙体

图1-4-26　古罗马浴场地下通风道

　　古代罗马的公共浴场建筑功能完备、设施齐全，其结构和空间设计达到了巅峰水平。这些浴场不仅在提供洗浴服务方面表现卓越，同时结合了多种功能，展示了古代罗马在建筑设计上的卓越成就。公共浴场建筑对18世纪以后的欧洲大型公共建筑设计产生了深远的影响，是建筑史上的重要典范。罗马城里最重要的大型公共浴场有卡拉卡拉浴场（图1-4-27）和戴克利提乌姆浴场（图1-4-28），其中卡拉卡拉公共浴场最具代表性。

第一章　上古时期世界主要地区的建筑特点

图 1-4-27　卡拉卡拉浴场中心浴区

图 1-4-28　戴克利提乌姆浴场室内

卡拉卡拉浴场占地 16 万平方米，除了拥有 3 万平方米的浴场外，还有图书馆、竞技场、散步道和健身房等配套公共设施。这种多功能的设计使其成为古代罗马的一座综合性建筑，其规模和设施丝毫不逊于现代的大型休闲中心。这种综合性的空间布局展现了古代罗马建筑师卓越的设计和规划思想，对后来的建筑和休闲中心的发展产生了深远的影响。（图 1-4-29、图 1-4-30）

图1-4-29　卡拉卡拉浴场复原模型

图1-4-30　卡拉卡拉浴场温水大厅

浴场内分为冷水、温水、热水浴室和蒸汽室及更衣室,四周大窗确保白天始终明亮。浴场地面和墙壁都用来自罗马帝国各地的彩色大理石铺成,墙上还有漂亮的图案和绘画。在浴场每个转弯处的上方,都立有一尊雕像。(图1-4-31)

图1-4-31　古罗马浴场室内

(七)住宅建筑——人类最早的房地产开发项目

古代罗马的住宅建筑是人类最早的房地产开发项目,它包括天井式、山坡式、公寓式(标准单元)。天井式相当于现在的合院建筑,山坡式相当于现在的山地别墅,公寓式类似于现在的住宅楼。(图1-4-32至图1-4-34)

图1-4-32 欧斯提亚多层公寓模型

图1-4-33 统一建设的古罗马街区遗迹

图1-4-34 古罗马富人宅邸

古代罗马是当时世界上最大的城市之一（另一个是中国的长安），由于一场大火，城市一片狼藉，几乎毁于一旦。大量的罗马平民、贵族、罗马军团的士兵和军官都需要住宅。于是元老院经过会议决定，古代罗马住宅建筑的建设由政府统一规划，由专业的建筑师来设计完成，由商人统一开发、建设、销售，但是要执行国家统一的标准。这就是人类最早的房地产开发。

（八）宫殿建筑

1. 巴拉丁山宫（建于公元前1世纪）

巴拉丁山从公元前1世纪奥古斯都（古代罗马帝国的首届执政官）时代起就是历代执政官居住的地方，经过多次大规模营建，建有宏伟的宫殿建筑群。

2. 哈德良离宫（建于126—134年）

哈德良离宫建筑群（图1-4-35）包括宫殿、浴场、图书馆、剧场、神庙和花园等。位于离宫东边的一个方形院落是朝政部分，正殿是一个平面复杂的集中式大厅。西边是一个长232米，宽97米的院落，中央有一个水池，四周围墙高9米，贴墙有两层柱廊。朝政部分和院落之间有居住部分和图书馆等，还有一个优雅的带圆形水池的小院。宫殿南端有一座埃及庙，庙前挖有长185米、宽75米的水池。水池同前述院落之间有两座浴场和一座游憩性建筑。所有的建筑物都有对称轴线，但各个建筑物之间的关系似乎很随意，没有规则，大多数建筑物不求壮观，但很精致且富于变化。（图1-4-36、图1-4-37）

图1-4-35　哈德良离宫建筑群

图 1-4-36　哈德良离宫的拱形门廊

图 1-4-37　哈德良离宫水上剧场

3. 戴克利提乌姆宫（建于 4 世纪初）

戴克利提乌姆宫（图 1-4-38）总平面为长方形，长 213 米，宽 174 米，十字形道路把行宫分为四部分：陵墓、神庙、寝宫和行政机构。它南面临海，有通长的柱廊，为执政官处理朝政的处所，正中的大殿长 30 米，宽 25 米，内有两列柱子。道路和内院沿边都用立在柱头上的连续券装饰，轻快活泼。行宫其余三面有围墙，沿墙筑碉楼，宫门居中。

图1-4-38　戴克利提乌姆宫

第五节　古代拜占庭的集中式建筑

395年，罗马帝国分裂为东西两部分，西罗马帝国于476年灭亡，而东罗马帝国则演变为拜占庭帝国。在5—6世纪，拜占庭帝国的皇权强大，建筑繁荣，其领土涵盖了巴尔干、小亚细亚、叙利亚、巴勒斯坦、埃及、北非以及意大利和地中海的一部分岛屿。然而，到了7世纪后，拜占庭帝国经历了封建分裂，最终仅保留了巴尔干和小亚细亚地区。

15世纪以后，拜占庭帝国面临土耳其奥斯曼帝国的侵略，最终被征服并灭亡。土耳其奥斯曼帝国取代了拜占庭帝国在该地区的统治。

古代拜占庭建筑将古代希腊和古代罗马风格融为一体，同时吸收了波斯、两河流域、叙利亚和亚美尼亚等地的文化元素。这一建筑传统独特之处在于结合了本地特色，形成了拜占庭独一无二的风格。

一、拜占庭主要建筑成就

拜占庭式建筑的特点是十字架横向与竖向长度差异较小，被称为"希腊十字"或"等臂十字"（图1-5-1），其交点上为一大型圆穹顶。穹顶在方形的平面上，建立覆盖穹顶，把重量落在四个独立的支柱上，并以帆拱（图1-5-2）作为中介连接,形成广阔而有变化的新型空间。这种建筑形制,即集中式形制,对欧洲建筑发展影响很大。

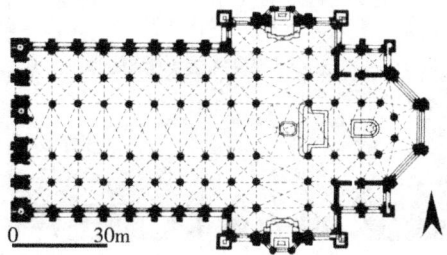

图1-5-1 "等臂十字"平面的教堂建筑

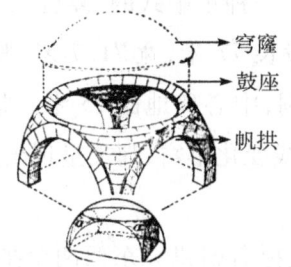

图1-5-2 拜占庭建筑的帆拱

二、拜占庭建筑的代表作

拜占庭建筑中最具代表性的是建于公元532年至537年的圣索菲亚大教堂(图1-5-3、图1-5-4),它是东正教的主教堂,用于举行重要的宗教仪式和议会,也是全球第二大教堂。

图1-5-3 圣索菲亚大教堂室内

图1-5-4　圣索菲亚大教堂

圣索菲亚大教堂展现了一种集中式的、复合延展的空间设计,代表了建筑空间构思的重要进展。内殿长77米,宽71.7米,整个连廊100米,穹顶直径32.6米,内部设有40个窗洞,中心离地面55米。整体上,圣索菲亚大教堂的结构清晰有序,内部空间曲线变化丰富,却又呈现出集中一致的特色,而其装饰色彩绚丽夺目。

大穹顶由四个大柱基支撑着帆拱。东西两个半穹顶和南北两个大柱基平衡着横向推力。穹顶底部的40个窗洞,用金底彩色玻璃镶嵌画点缀。地板、墙壁、廊柱用五彩大理石铺砌,柱头、拱门、飞檐处雕花精致。圆顶边缘挂有40盏吊灯,教坛装饰有象牙、银和玉石,大主教宝座用纯银打造,祭坛上的窗帘以丝绸与金银混织,绘有皇帝和皇后接受基督和玛利亚祝福的画像,为整个教堂增添了神秘庄重的宗教氛围。

三、拜占庭建筑的装饰手法

拜占庭建筑在装饰方面有独特的特色。内墙通常采用彩色大理石铺贴,装饰主要以几何图案为主,以确保整体色调的一致性。在玻璃马赛克方面,常使用蓝色和金箔作为底色,马赛克倾斜铺贴,间隙较小。在火把和蜡烛的照耀下,马赛克会产生明暗交替的效果,展现出绚丽的色彩。另外,在规模较小的教堂中,常常使用粉画,对墙面进行抹灰处理后,画师会绘制一些宗教主题的彩色灰浆画。

第一章　上古时期世界主要地区的建筑特点

拜占庭建筑的柱子与传统的希腊柱式不同,柱头呈倒方锥形或自上而下由方变圆的几何形体,镂空,刻有植物或动物图案,多为忍冬草,做工极为精美。(图1-5-5至图1-5-7)

图1-5-5　拜占庭教堂室内装饰

图1-5-6　拜占庭教堂镂空的柱头装饰

图1-5-7　拜占庭教堂的柱子

第二章

意大利的建筑特色
（11—19 世纪）

1187年，佛罗伦萨建立了最早的城市共和国，成为欧洲经济领先的城市之一。13—19世纪的意大利，吸收外来文化，发扬传统，独立发展，建筑水平较高。

第一节　中世纪的罗马风建筑

历经公元5世纪西罗马帝国崩溃以后的多年战乱和动荡，欧洲各国在5世纪至10世纪陆续建立起了各自封建制的民族国家。当时，欧洲各国的经济和文化不发达，基督教逐步取代罗马教而发展起来。此时，欧洲各国普遍建造以罗马建筑艺术风格为主的修道院和基督教堂。

罗马风是一种建筑艺术风格，起源于古代罗马废墟，体现了古代罗马建筑的一些特点。这种风格简朴厚重，常被称为仿罗马或伪罗马建筑。在11—12世纪，罗马风建筑在意大利并不十分普遍，主要体现在修道院和教堂建筑中。修道院被认为是欧洲最早的大学之一，通常建于荒郊野外。修道院的圣坛通常装饰华丽，其建筑结构中，东西方向的厅堂相对较为宽敞，而南北方向的厅堂则相对较短，呈拉丁十字平面（图2-1-1）。修道院的教堂（图2-1-2）通常设有钟塔，大多采用罗马风建筑风格。

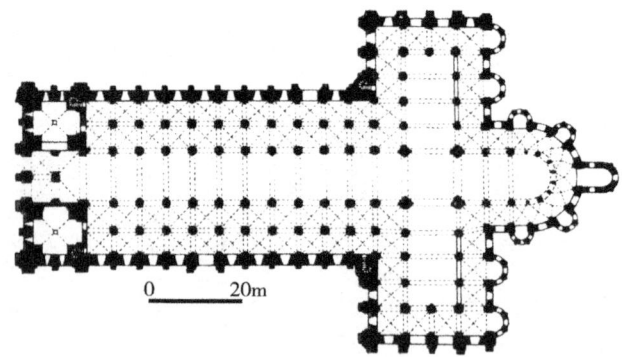

图2-1-1　圣塞南主教堂平面

图 2-1-2 修道院教堂

第二节 中世纪的意大利建筑

中世纪的意大利,建筑及艺术水平很高,其建筑特色突出,又因意大利曾经是古代罗马的中心,所以建筑艺术中的传统因素很强。

一、比萨主教堂建筑群

比萨主教堂建筑群(11—12世纪)(图2-2-1)是中世纪意大利最重要的建筑之一,包括比萨主教堂、钟塔和洗礼堂。主教堂采用拉丁十字平面,侧廊拱形呈十字形,四层空券廊。(图2-2-2)东西方向的厅廊纵深达100米,内部用白色、黑色条纹图案装饰,展现出壮观而明亮的效果,呈现出东方文化的痕迹。钟塔(图2-2-3)位于主教堂圣坛东南约20米,呈圆形,直径约16米,高55米,共分为8层。底层浮雕呈连续券状,而顶层逐渐收缩。主教堂前面约60米处是洗礼堂(图2-2-4),建筑外观呈圆形,其中直径为35.4米,总高约为54米,总共3层,上两层为空券廊的建筑形制。

图2-2-1　比萨主教堂建筑群

图2-2-2　比萨主教堂正立面

图2-2-3　比萨主教堂钟塔

图2-2-4 比萨主教堂洗礼堂

这几座建筑物形态各异,形成鲜明对比,呈现出丰富的变化。尽管造型多样,但它们共同的主题和风格令它们在整体上保持了统一性。

二、佛罗伦萨主教堂建筑群

佛罗伦萨主教堂建筑群(建于1296—1470年)(图2-2-5)由主教堂、洗礼堂(图2-2-6)和钟塔(图2-2-7)组成。主教堂长80米,柱距和开间均20米,空阔敞朗,其红色的穹窿坐落于高达55米的鼓座之上,八边形对边跨度42米,拱矢高度超过30米,呈柔和的尖拱形状。洗礼堂的平面呈八角形,采用集中式设计。钟塔平面呈方形,高84米。在群山环抱的阿诺河水映衬下,佛罗伦萨主教堂建筑群宛如一颗璀璨的明珠。主教堂的穹窿顶(图2-2-8)造型新颖别致,因当时的结构技术问题未解决,主教堂穹窿先后建了百余年才落成。

图2-2-5 佛罗伦萨主教堂建筑群

图 2-2-6　佛罗伦萨主教堂洗礼堂

图 2-2-7　佛罗伦萨钟塔

图 2-2-8　佛罗伦萨主教堂穹顶

三、米兰主教堂

米兰主教堂(图 2-2-9)是世界上最大的哥特式建筑之一,空间开阔宽敞,装饰精巧华丽。教堂长 158 米,最宽处 93 米,拉丁十字平面,塔尖最高处达 108.5 米。教堂完全由明亮的白色大理石砌筑而成,东西向的大厅宽 59 米,长 130 米,中间的拱顶最高达 45 米。教堂独特之处主要表现在其外观上,包括尖拱、壁柱、玫瑰窗棂以及 135 座尖塔,形成一片浓密的塔林,直插云霄,每个塔尖上都雕有神的雕像。教堂建筑构图俏丽,形体华丽,装饰美丽,是意大利中世纪的建筑代表作。

图 2-2-9 米兰主教堂侧立面

四、威尼斯总督府

威尼斯总督府(1309—1424 年)(图 2-2-10、图 2-2-11)被认为是世界上最美丽的建筑之一,是建筑构图的绝佳典范,有着独特而令人惊艳的建筑艺术。威尼斯总督府为四合院平面,三层立面,空间开阔宽敞,装饰精巧华丽。

图2-2-10　威尼斯总督府

图2-2-11　威尼斯总督府会议厅

五、威尼斯圣马可教堂

威尼斯圣马可教堂(1063—1085年)为集中形制,平面紧凑,形体多变,装饰美丽,是意大利拜占庭建筑的代表作。(图2-2-12至图2-2-15)

图2-2-12　圣马可教堂

第二章 意大利的建筑特色（11—19世纪）

图 2-2-13　圣马可教堂入口

图 2-2-14　圣马可教堂大厅

图 2-2-15　圣马可教堂祭坛

第三节　文艺复兴时期的意大利建筑

文艺复兴运动发生于14—17世纪的欧洲,是一场由新兴资产阶级倡导的伟大人文主义运动,以复兴古代希腊和古代罗马的文化为名义,旨在弘扬资产阶级思想。文艺复兴运动发源于意大利,随后在欧洲各国得到广泛传播和高度发展。

文艺复兴时期,人文主义思想日益发展,深入人心,成为核心思想,当时的先进人士蔑视宗教禁欲主义和封建门第观念,崇尚唯物主义哲学,立志弘扬古代希腊、古代罗马共和的思想和文化。哥特式建筑风过后,欧洲迎来了文艺复兴风格的建筑艺术。这一风格起源于15世纪初的意大利佛罗伦萨,并迅速传播到欧洲各地,丰富多彩的文艺复兴风格建筑出现了。(图2-3-1、图2-3-2)

图2-3-1　佛罗伦萨的桥楼

图2-3-2　佛罗伦萨主教堂

第二章　意大利的建筑特色（11—19世纪）

15世纪，佛罗伦萨主教堂建成，这标志着文艺复兴建筑的开端。教堂由伯鲁涅列斯基设计，在设计中，他巧妙地综合了古代罗马建筑形式和哥特式建筑结构，并进行了创新，使教堂成为具备这一新时代特征的杰出典范。佛罗伦萨主教堂结构采用了骨架，穹顶分为里外两层，中间留有空隙，被称为"内外两层皮"①结构。（图2-3-3）穹隆的内径达42米，高度超过30米，支撑在高12米的八角形鼓座上。运用鼓座的方法受到了拜占庭建筑的影响。鼓座的运用使整个穹顶得以充分展示，总高达107米，是整个城市轮廓线的中心。佛罗伦萨主教堂的穹顶被认为是意大利文艺复兴时期建筑的先驱，象征着新时代的开始。在文艺复兴时期，建筑理论以文艺复兴思潮为基础，致力于改良封建和宗教思想，在造型上排斥象征神权至上的哥特建筑风格。因而文艺复兴时期的意大利建筑具有鲜明的艺术特征。

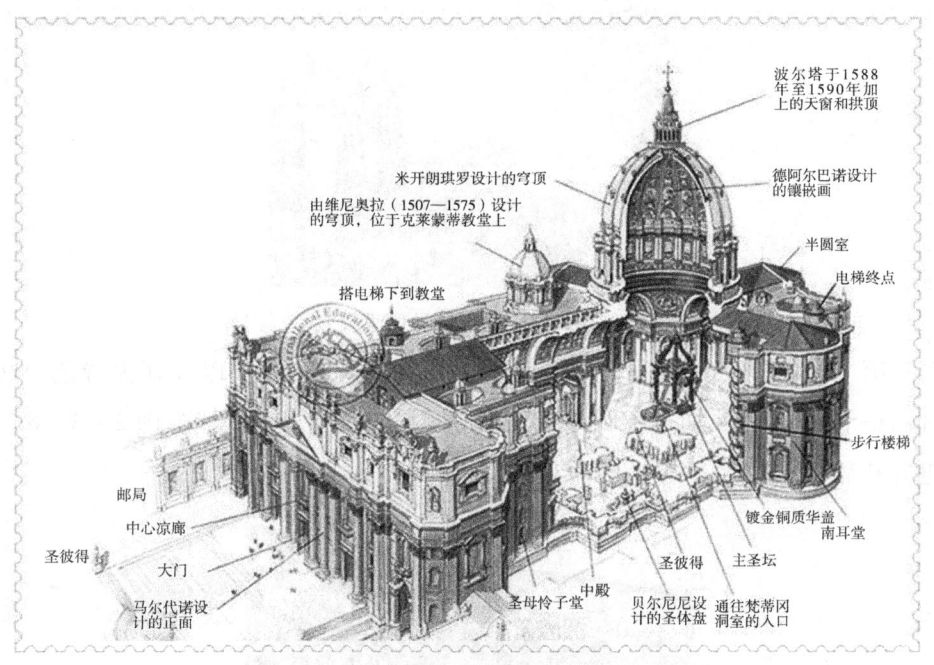

图2-3-3　佛罗伦萨主教堂穹顶结构图

第一，创建了新的建筑形式。这一时期的建筑扬弃了中世纪时期哥特式建

---

① 徐洪涛.大跨度建筑结构表现的建构研究[D].同济大学,2008:44-45.

筑的肋拱和尖形穹顶(尖券)技术,在宗教和普通建筑上重新采用古代希腊和古代罗马时期的柱式构图和桶形拱顶。如圣马可图书馆(图2-3-4)、圣马可学校(图2-3-5)、罗马市政广场元老院。

图2-3-4　圣马可图书馆

图2-3-5　圣马可学校

第二,采用开放式设计风格。开放式的设计风格,主要以柱廊为特色。这种风格注重空间感,通过柱廊等元素创造明亮的氛围,如育婴院(图2-3-6)、巴齐礼拜堂(图2-3-7)、巴西利卡。

图2-3-6　育婴院

图 2-3-7 巴齐礼拜堂

第三,强调集中式布局。割除了拉丁十字平面,强调集中式建筑布局,如坦比哀多(图 2-3-8)、圆厅别墅(图 2-3-9)、圣马大教堂。

图 2-3-8 坦比哀多

图 2-3-9 圆厅别墅

第四，崇尚人体美。这一时期的绘画和雕塑表现普通人的人体美，认为美是客观的、有规律性的，否定了中世纪的仅以神为美。（图2-3-10）

图2-3-10　人体雕塑——大卫

一、圣马可图书馆

圣马可图书馆位于意大利威尼斯的圣马可广场，修建于16世纪，是著名建筑师珊索维诺在威尼斯留下的杰作。圣马可图书馆建筑全长84米，开间21米，分上下两层。（图2-3-11）一层立面为拱廊，拱廊后面是商店。图书馆在二层，通过中央的楼梯到达。立面采用圆形壁柱，其中二层的壁柱为罗马爱奥尼柱式。檐壁宽度接近壁柱高度的1/2，装饰有浮雕和通气孔，拱廊的肩部也装饰有人物浮雕。屋顶上的石栏杆顶部有人物立像，四角为方尖碑。圣马可图书馆被认为是盛期文艺复兴建筑中最壮丽的作品。

图2-3-11　圣马可图书馆局部

二、巴齐礼拜堂

巴齐礼拜堂是 15 世纪早期文艺复兴很有代表性的建筑物,无论结构、空间组合、外部体型和风格特征,都是大幅度的创新之作。它的建筑形制借鉴于拜占庭建筑,内部和外部形式都由柱式控制。在正中,有一个直径为 10.9 米的帆拱式穹顶,两侧分别有筒形拱,与大穹顶一同覆盖了一个长方形的大厅。大厅的后方有一个小穹顶,覆盖着圣坛。(图 2-3-12 至图 2-3-14)

图 2-3-12　巴齐礼拜堂圆顶

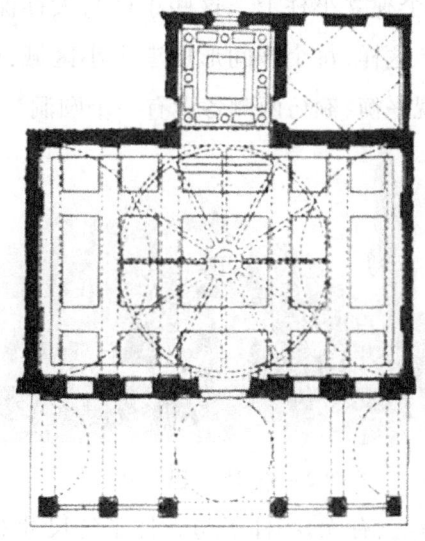

图 2-3-13　巴齐礼拜堂平面图

图 2-3-14 巴齐礼拜堂室内

三、巴西利卡

巴西利卡(图 2-3-15)起源于古代罗马时期,是一种公共建筑形制,其特点是平面呈长方形,外部有一圈柱廊,主入口位于长边,短边有耳室,屋顶采用条形拱券。在十字拱结构的巴西利卡中,由于开间比例不适合古典券柱式的传统构图,建筑师帕拉第奥采用了大胆的设计,每个开间中部建有适当比例的凸起,底部灵巧地搁在两个独立小柱上。这些小柱与大柱保持一定距离,它们之间有横跨的额枋连接。这样,每个开间形成三个小区域,两个方形夹着一个凸起。为了在视觉上实现平衡,额枋两侧各设有一个圆洞。

图 2-3-15 巴西利卡

这种构图融合了虚实、有无,小柱子与大柱子的尺寸对比、方与圆的对比丰富多彩。巴西利卡建筑整体上以方形开间为主,内部圆券形成层次变化,看起来雄伟壮观。小柱子成对设置在水平方向上,以大柱子为主导元素,呈现出一种平衡而引人注目的设计效果。这种构图是柱式构图的常用方法,圣马可图书馆的二楼立面和巴齐礼拜堂内部侧墙也都采用过,但比例及细部做法以巴西利卡最为成熟,因此而命名为"帕拉第奥母题"。此种构图方法影响深远,至今仍被使用。

四、圣彼得大教堂

圣彼得大教堂(图2-3-16、图2-3-17)平面呈拉丁十字形,石质拱券结构,外部为灰石饰面,造型传统而神圣,装饰豪华,宏伟壮丽。教堂正面宽115米,高45米,以中线为轴,两边对称,建筑面积2.3万平方米,8根圆柱对称立在中间,4根方柱排在两侧,柱间有5扇大门,2层楼上有3个阳台,中间的一个叫祝福阳台,重大宗教节日时教皇会在阳台上为世界各地的教徒祝福。十字架交叉点处是教堂的中心,中心点室内的地下是圣彼得的陵墓,地上是教皇的祭坛,祭坛上方是金碧辉煌的华盖,华盖的上方是教堂顶部的穹顶(图2-3-18),穹顶外部十字架尖端高137.8米,有很多精美的装饰,室内净高123.4米,中央穹顶直径41.9米,长211.5米,宽137米。穹顶的周围及整个殿堂的顶部布满美丽的图案和浮雕,阳光从穹顶的高窗照进殿堂,给庄严肃穆、开朗光明的教堂增添了神秘的色彩。教堂大殿内有很多巨大的彩色大理石雕像和浮雕,大殿的左右两边是一个接一个的小的殿堂,每个小殿堂内堂也装饰着壁画、浮雕和雕像。(图2-3-19)

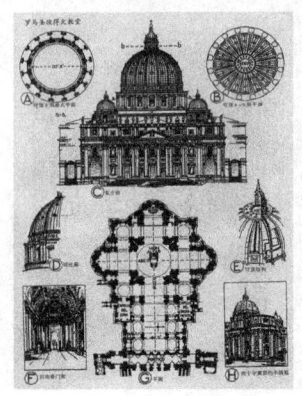

图2-3-16　圣彼得大教堂平面图

图2-3-17　圣彼得大教堂

图2-3-18　圣彼得大教堂穹顶

图2-3-19　圣彼得大教堂穹顶的五彩祥云

第四节 文艺复兴时期的广场建筑

广场建筑在文艺复兴时期得到很大的发展,既保留了意大利中世纪广场的传统,又对中世纪广场的封闭空间进行了改进。广场建筑周围常用柱廊,空间较开放,建筑完整统一。广场一般都有一个设计主题,四周有附属建筑陪衬,形成广场建筑群,如罗马市政广场、安农齐阿广场、圣马可广场。

一、罗马市政广场

罗马市政广场(图2-4-1)在建筑形式上呈现出统一的风貌。它采用了平面对称的布置,是文艺复兴时期较早采用轴线对称配置的广场之一。广场正面原为元老院,后改为市政厅。市政厅是经过多次改建而成的古代罗马时代建筑。米开朗琪罗对其进行了改造,将原正面改为背面,原背面改为正面,并在面向广场的前方增加了宏伟的大台阶,通过雕像和水池进行装饰。(图2-4-2)广场右侧原有一座古老的档案馆,与元老院呈非垂直关系,后来在其对称的左侧建造了一座风格相同的博物馆,从而形成了如今梯形的广场空间。

图2-4-1　罗马市政广场

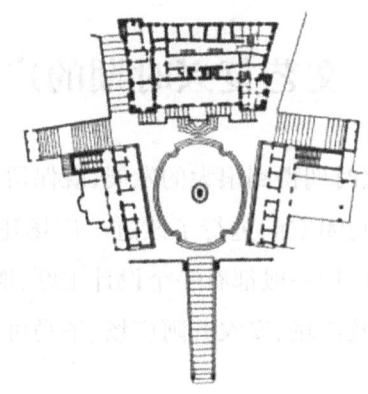

图 2-4-2　罗马市政广场平面图

二、安农齐阿广场

佛罗伦萨的安农齐阿广场是早期且最完整的广场之一。广场宽度约 60 米,长度约 73 米,呈矩形平面,长轴的一端是建于 13 世纪的安农齐阿教堂。教堂左侧是由伯鲁乃列斯基设计的育婴院,其轻盈的券廊形成了广场的立面。(图 2-4-3)随后,阿尔伯蒂改造了教堂的立面,形成了 7 个开间的券廊,与育婴院的立面相一致。1518 年,广场的右侧新增了一座修道院,其立面与育婴院相协调,这最终形成了安农齐阿广场的三面券廊。安农齐阿广场尺度适中,风格平易,建筑形体简单而完整。广场上的喷泉流水潺潺,更增添了欢乐的氛围。斐迪南大公的骑马铜像比例和谐,尺度适中,位于教堂的前部,是广场的主要景点。(图 2-4-4)

图 2-4-3　安农齐阿广场的育婴院

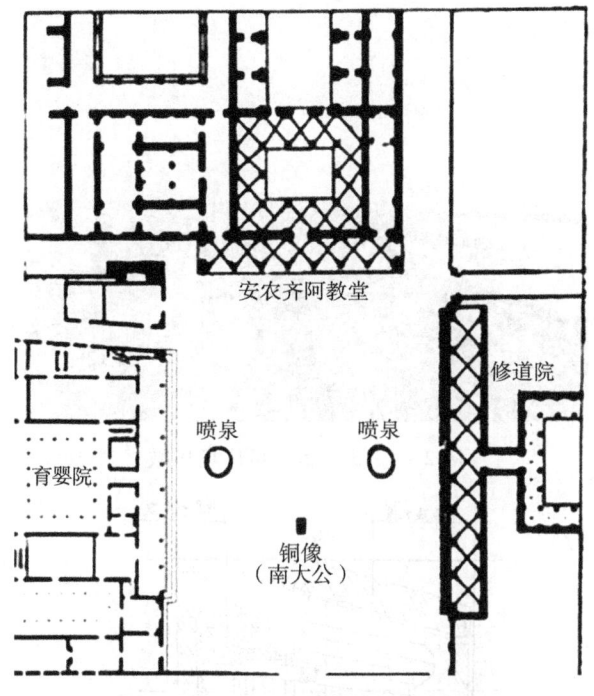

图 2-4-4 安农齐阿广场平面图

三、圣马可广场

圣马可广场为两进的梯形广场,长约 170 米,东边宽约 80 米,西侧宽约 55 米。(图 2-4-5、图 2-4-6)圣马可广场由公爵府,圣马可大教堂,圣马可钟楼,新、老市政厅大楼,拿破仑翼大楼,圣马可大教堂,圣马可钟楼和圣马可图书馆等建筑围成。广场呈"L"型平面布局,半开敞式空间,透视性很强。圣马可钟楼是广场的中心,与小广场前的威尼斯大运河对面的圣乔治教堂及钟楼形成对景式构图,端庄俏丽,活泼热情,伟岸挺拔,和谐统一,堪称古典建筑的杰作。(图 2-4-7 至图 2-4-12)

图2-4-5　圣马可广场鸟瞰

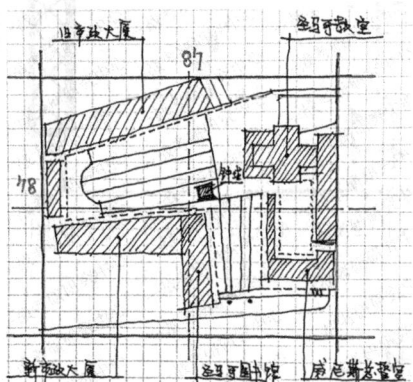

图2-4-6　圣马可广场平面图

图2-4-7　威尼斯河上的叹息桥

第二章 意大利的建筑特色（11—19世纪）

图2-4-8　圣马可广场入口处的主景

图2-4-9　圣马可广场入口的拜占庭望柱

图2-4-10　圣马可广场入口处的第一进小广场

世界建筑艺术设计概论

图 2-4-11　圣马可广场对景——圣乔治修道院教堂

图 2-4-12　威尼斯大公雕塑

第五节　文艺复兴时期的府邸建筑

文艺复兴时期的意大利建筑中，府邸建筑格外引人注目。这类建筑多为三层的合院结构，建筑风格展现了对称性和秩序感。同时，其深深的挑檐和整洁的窗户设计，使建筑更显精致。代表性的建筑有美第奇府邸、法尔尼斯府邸、圆厅别墅等。

第二章　意大利的建筑特色（11—19世纪）

一、美第奇府邸

美第奇府邸（图2-5-1、图2-5-2），1430—1444年建于佛罗伦萨，由米开朗琪罗设计，仿照中世纪佛罗伦萨老市政厅建造，是文艺复兴早期府邸建筑的代表作。这座建筑的平面为长方形，左边内院环绕一券柱式内廊，三开间，柱子较粗。房间从内院和外立面两面采光，立面构图统一，檐部高度为立面总高度的1/8，挑出2.5米，与整个立面的柱式成比例关系。第一层的外墙面用粗糙的石块砌筑，表面起伏达20厘米；第二层用平整的石块砌筑，留有8厘米宽的缝；第三层也用平整的石块砌筑，但砌得密实合缝。

图2-5-1　美第奇府邸

图2-5-2　美第奇府邸室内

二、法尔尼斯府邸

法尔尼斯府邸(图 2-5-3),1515—1546 年建于罗马,是文艺复兴盛期府邸的典型建筑,设计人是小桑迦洛。府邸为封闭的院落,内院周围是券柱式回廊,入口、门厅和柱廊都按轴线对称布置,室内装饰富丽。外立面宽 56 米,高 29.5 米,分为 3 层,用线脚隔开,顶上的檐部很大,与整座建筑比例合度,墙面运用外墙粉刷与隅石的手法,正立面对着广场,气派庄重。

图 2-5-3　法尔尼斯府邸

三、圆厅别墅

圆厅别墅(图 2-5-4),1552 年建于维琴察,是文艺复兴晚期府邸的典型建筑,也是帕拉第奥的代表作之一。别墅采用了古典的严谨对称手法,平面为正方形,四面都有门廊,正中是一圆形大厅。别墅的四面对称形式对后来的建筑颇有影响。

图 2-5-4　圆厅别墅

第六节　文艺复兴晚期的巴洛克建筑

巴洛克建筑是在意大利文艺复兴晚期发展起来的一种建筑和装饰风格。它在文艺复兴建筑的基础上注入了华丽、夸张的雕刻元素,以富贵华丽、充满装饰、色彩浓艳为特征,强调曲线,追求动感,形态夸张。在巴洛克建筑中,建筑与雕塑、色彩与光线相互渗透,创造出极富戏剧性和感官冲击的效果。并且,在巴洛克建筑的广场中,建筑与园林趋向自然,呈现出一种更加开放和宜人的氛围。巴洛克建筑风格在巴洛克风格的教堂中体现得最为强烈。巴洛克教堂呈现了三大主要特色:

(1)炫耀财富,装饰奢华,色彩艳丽;

(2)追求新奇,运用曲线,追求动感;

(3)作为小品建筑,在设计上独具匠心。

巴洛克风格教堂的雕塑突破建筑面体界限,模仿实物质感,壁画色彩对比明亮,构图拥挤,动态剧烈。(图2-6-1至图2-6-4)

图2-6-1　巴洛克风格教堂1

图 2-6-2　巴洛克风格教堂 2

图 2-6-3　巴洛克风格建筑室内 1

图 2-6-4　巴洛克风格建筑室内 2

第二章 意大利的建筑特色（11—19世纪）

一、罗马耶稣会教堂

罗马耶稣会教堂（图2-6-5），建于1568—1602年，是巴洛克风格的早期代表之一，由维尼奥拉设计，是从手法主义向巴洛克风格过渡的代表作。教堂平面呈长方形，端部凸出一个圣龛，中厅宽阔，两侧用小祈祷室替代了侧廊，正中是一个十字形平面，顶部升起一座穹顶。圣坛富丽自由，山花突破了古典法式，营造出光芒四射的效果。立面设计借鉴了早期文艺复兴建筑师阿尔伯蒂设计的佛罗伦萨圣玛丽亚小教堂的处理手法。正门上部形成了重叠的弧形和三角形，大门两侧采用了倚柱和扁壁柱，立面的上部两侧有两对大涡卷。这些设计手法后来被广泛模仿。

图2-6-5　罗马耶稣会教堂

二、圣卡罗教堂

圣卡罗教堂（图2-6-6）是典型的巴洛克风格建筑代表，由波洛米尼设计。教堂平面呈橄榄形，周围布置有一些不规则的小祈祷室。建筑立面呈波浪形，中部隆起，采用了将文艺复兴风格的古典柱式与变形的建筑元素相结合的构成方法，例如变形的窗户、壁龛和椭圆形的圆盘等。教堂内部的大厅采用龟甲形平面，顶部是椭圆形穹顶，中央设有采光窗，穹顶图案呈六边形、八边形和十字形格子，呈现出强烈的立体效果。（图2-6-7）在形状和装饰方面，圣卡罗教堂展现出强烈的流动感和立体感。装饰注重动态曲线，外立面由断开的曲线山花和檐部水平弯曲面构成，墙面凹凸有致，装饰丰富，营造出强烈的光影效果。

图2-6-6　罗马圣卡罗教堂

图2-6-7　罗马圣卡罗教堂室内顶部

三、圣彼得广场

圣彼得广场是罗马最大的广场（图2-6-8、图2-6-9），可容纳50万人，是罗马教廷举行大型宗教活动的室外场所。广场呈椭圆形，半围合式平面，两侧由两组半圆形大理石柱廊环抱，上部连接梯形广场，形成两进式广场。广场

第二章 意大利的建筑特色（11—19世纪）

地面用黑色小方石块铺砌而成，地面向教堂逐渐升高。柱廊共由284根塔司干圆柱和88根方柱组合成四排，形成三个走廊。这些石柱宛如4人1列的卫队排列在广场两边。柱高18米，需三四人方能合围。（图2-6-10、图2-6-11）面向广场一侧的每根石柱的柱顶各有一尊大理石雕像，它们神态各异，栩栩如生。广场中央矗立着一座方尖石碑，铜狮之间镶嵌着展翅欲飞的雄鹰。广场两侧设有两座做工精细的喷泉，泉水自喷泉中央向上喷射，喷泉分上下两层，上层呈蘑菇状，水柱叠落而下，形成水帘；下层呈钵状，泉水成细流外溢至地面水池。整座广场开阔壮观，轴线对称，柱式严谨，光影变化大，是巴洛克风格广场的杰出代表。

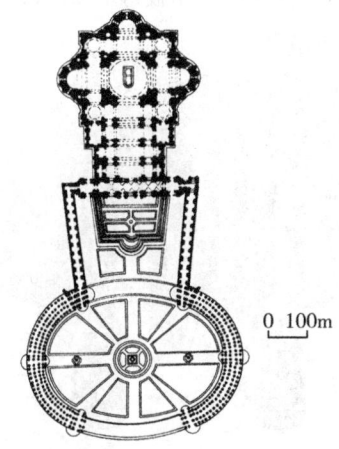

图2-6-8　圣彼得广场平面图

图2-6-9　圣彼得广场

图2-6-10　圣彼得广场柱廊1

图2-6-11　圣彼得广场柱廊2

四、西班牙大台阶广场

西班牙大台阶广场(也称破船广场)(图2-6-12、图2-6-13),依山而建,山下的街口首先是一跑宽大的中央台阶,中央台阶在中途分为两跑,再向上去又汇于一跑,最后再向左右分开,直至山顶上的教堂。中央大台阶紧连山下的广场主空间。广场空间满足了山上、山下及周边各个方面的视觉效果,其台阶的一波三折象征着基督教中的三位一体立面。

第二章　意大利的建筑特色（11—19世纪）

图2-6-12　西班牙大台阶广场的"破船"

图2-6-13　罗马的西班牙大台阶广场

五、纳沃那广场

纳沃那广场位于意大利罗马历史中心区，是罗马最美丽的广场。（图2-6-14至图2-6-16）广场的轮廓是一个宽阔的椭圆形，正好与阿戈纳利斯竞技场的形状相配。广场的名称就源于该竞技场。该广场拥有30000个座位的大型运动场，由图密善皇帝于公元86年建成。广场的西边坐落着圣阿涅塞教堂（建于1653—1657年），其凹形正面是贝尔尼尼的主要竞争对手——弗朗切斯科·博罗米尼的作品。教堂旁边是英诺森十世的众多宫殿之——潘菲利宫。

图 2-6-14　纳沃那广场

图 2-6-15　纳沃那广场雕塑 1

图 2-6-16　纳沃那广场雕塑 2

六、府邸建筑

巴洛克建筑风格时期的府邸建筑,空间流转贯通,挑檐层次深远,檐部有通长的雕塑,光影变化丰富,以楼梯装饰空间。(图2-6-17、图2-6-18)

图2-6-17　巴洛克风格的府邸建筑

图2-6-18　巴洛克风格的府邸室内

府邸花园和室内空间一般设有数层台阶,台阶中轴对称布局。府邸花园设置有雕塑、喷泉、柱廊、瀑布等小品景观,对现代的园林设计和室内设计具有深远的影响。

第七节　古典复兴时期的折中主义建筑

18—19世纪的欧洲各国虽然工业水平提高很快，但符合时代要求的新的建筑尚未产生，于是又一次出现了古典复兴建筑。古典复兴时期的建筑风格主要有三种：第一种是完全复古，也称古典主义，其中包括古希腊复兴和古罗马复兴建筑；第二种是浪漫主义，也称哥特复兴，其具有田园风格，并借鉴东方古典构图元素，主要流行于英国，对欧洲的影响有限；第三种是折中主义，这种建筑风格，旨在弥补古典主义和浪漫主义建筑的局限性，建筑外观形式通过任意模仿历史上各种建筑风格来实现，也被称为集仿主义。

折中主义建筑虽然没有固定的风格，构图元素混杂，但非常讲究构图美，它把古典建筑中的各种风格的构图元素的精华集中起来，折中组合在一起，讲求比例均衡，注重建筑的纯形式美。意大利的折中主义建筑以罗马的祖国祭坛（图2-7-1）为代表。

图2-7-1　意大利罗马的祖国祭坛

罗马的祖国祭坛，也叫伊曼纽尔二世纪念碑，集历史上各种经典建筑风格希腊的山花、希腊晚期的柱廊式、巴洛克动态特点、文艺复兴的檐布等于一体，但位置选址上有一定的争议。纪念堂用布雷西亚的纯白大理石建造，设有宏伟的阶梯、高大的半圆形回廊、喷泉、巨大的埃马努埃莱二世骑马雕像和两尊双轮战车上的女神维多利亚雕像，整座建筑宽135米，高70米，加上屋顶的双轮战车和维多利亚雕像，高度达到81米。纪念堂底层设有意大利统一博物馆和无名烈士纪念碑。

第三章

法国的建筑特色(12—19世纪)

公元前 11 世纪,凯尔特人在法国定居。公元前 1 世纪,古代罗马的高卢人恺撒占领了高卢,导致高卢受古代罗马统治达 500 年之久。公元 5 世纪法兰克人征服高卢,建立法兰克王国。10 世纪以后,法兰克王国迅速发展。12—13 世纪,突飞猛进的经济发展催生了伟大的哥特式建筑。14—15 世纪,英国与法国进行了 100 多年的战争,对建筑和文化产生了强烈的冲击。15—16 世纪,法国成为强大的中央集权国家,资本主义开始萌芽,城市建设重新发展,文艺复兴建筑产生。17 世纪以后,法国进入绝对君权时期,反对巴洛克艺术,同时对古典主义建筑产生了浓厚的兴趣。17 世纪末叶,法国对外战争失败,经济面临破产,专制政体面临危机,宫廷产生了洛可可风格。

第一节　以法国为中心的古堡、商堡

自 15 世纪下半叶起,随着资本主义萌芽,法国的建筑形式开始发生变化,府邸和古堡等世俗建筑占据了主导地位。这些古堡建筑多建在山上,被水环绕,易守难攻,这与中世纪法国战争不断的历史环境有关,贵族们建立自己的城堡,并有武装力量驻扎。这些古堡与商堡由古代希腊的卫城形式演化而来。(图 3-1-1)

图 3-1-1　法国古堡

法国古堡建筑保持了浓厚的市民文化色彩,整体明快、组合随意、装饰华

第三章　法国的建筑特色（12—19世纪）

丽,建筑的四角外挑凸窗,上立尖顶,屋顶陡峭,内设阁楼,屋脊、屋檐精巧,窗户较大,广泛采用尖券或四圆心券。（图3-1-2、图3-1-3）

图3-1-2　芙廊桥古堡

图3-1-3　商堡古堡

法国古堡内的公园,以法国为中心的理性设计的公园,几何式平面,植物经过细致的修剪呈几何造型。（图3-1-4）

图3-1-4　法国古堡内的公园

法国著名的商堡，建筑形体规整，为方正院落，主建筑为三层，院落四角设有圆形的塔楼。商堡的平面布局和造型保持着中世纪的传统特点，有角楼、护壕和吊桥，屋顶参差复杂，其布局和造型上的对称、墙面的水平划分与细部的线脚处理，受到了意大利文艺复兴的影响。（图3-1-5）商堡室内双道（剪刀式）楼梯的使用，大大节省了面积，一直被沿用至今。（图3-1-6）

图3-1-5　法国商堡（府邸）

图3-1-6　商堡内的双道（剪刀式）楼梯

尽管法国长期处于兵荒马乱之中，但丝毫没有影响法国古堡、商堡建筑的细致。精美的建筑与环境相结合，风景秀丽，优美如画，也体现出了法国人优雅浪漫的气质特点和法国贵族的良好修养。法国的古堡、商堡建筑甚至影响了整个欧洲。（图3-1-7至图3-1-17）

第三章 法国的建筑特色（12—19世纪）

图 3-1-7　阿赛-勒-李杜古堡 1

图 3-1-8　阿赛-勒-李杜古堡 2

图 3-1-9　圣米歇尔山古堡 1

图 3-1-10　圣米歇尔山古堡 2

图 3-1-11　谢农松古堡远眺

图 3-1-12　谢农松古堡五跨拱桥

第三章 法国的建筑特色（12—19 世纪）

图 3-1-13 德国新天鹅城堡

图 3-1-14 德国瓦尔特城堡

图 3-1-15 芬兰图尔库城堡

图3-1-16　里斯本白色古堡

图3-1-17　瑞士西庸城堡

　　法国不但有贵族自己建造的古堡建筑，民间还有一种哥特式建筑，是由罗马风建筑发展而成，具有城市平民色彩的建筑风格。法国民间的哥特式建筑具有暗色露明的木构架，将木构架作为主要的承重结构，这样可以开大窗来满足室内采光。建筑的墙面填砖后抹白灰，楼层外挑，屋顶高耸并设有塔楼。民间哥特式建筑（图3-1-18）具有平面自由、对比明朗、形体活泼的特点，并逐渐发展为哥特式教堂建筑，影响欧洲各国。

第三章 法国的建筑特色（12—19 世纪）

图 3 - 1 - 18　民间的哥特式建筑

第二节　以法国为中心的哥特式教堂

10—12 世纪，伴随着市民社会的崛起，法国的建筑风格完全摆脱了古代罗马的影响，哥特式教堂流行起来，成为城市公共生活的中心，也成为欧洲封建社会城市经济占主导地位时期的主要建筑。第一个哥特式教堂建筑是在法国国王的领地上诞生的，之后整个欧洲都受到哥特化的影响。

哥特式教堂的主要建筑特征是尖塔高耸，广泛采用十字拱、扶壁、飞扶壁、飞券及尖拱券、玫瑰窗，由此而形成的砖框架结构支撑着教堂顶部的荷载，使整个建筑高耸而富有空间感，再结合镶嵌有彩色玻璃的玫瑰形长窗，使教堂内产生浓厚的宗教氛围。哥特式教堂以其高超的技术和艺术成就，在建筑史上占有重要的地位。著名的哥特式教堂有巴黎圣母院大教堂、沙特尔大教堂、圣米歇尔大教堂等。

一、巴黎圣母院

巴黎圣母院是一座哥特式风格的天主教堂，建筑立面为三段式，顶部矗立高耸的塔楼,是古老巴黎的象征。它庄严地矗立在塞纳河畔,位于巴黎市中心。这座教堂以其独特的地位和丰富的历史价值而闻名,被认为是法国巴黎乃至世界历史上最伟大的建筑之一。(图3-2-1、图3-2-2)巴黎圣母院之所以闻名于世,主要是因为它的建筑形制打破了以往拱顶沉重、墙体厚实的建筑形态,取而代之的是内部空间宽敞高耸、柱子轻巧、空间明亮,它在欧洲建筑史上具有划时代的地位,给人一种轻快而神圣的感觉。巴黎圣母院创造出一种前所未有的轻巧的骨架拱顶结构,形成了独特的框架结构空间,建筑的窗可以开得更大,拱顶可变得更为轻盈,这一独特的建筑风格很快在欧洲传播开来。(图3-2-3、图3-2-4)

图3-2-1　巴黎圣母院

图3-2-2　从塞纳河畔近观巴黎圣母院

第三章 法国的建筑特色（12—19世纪）

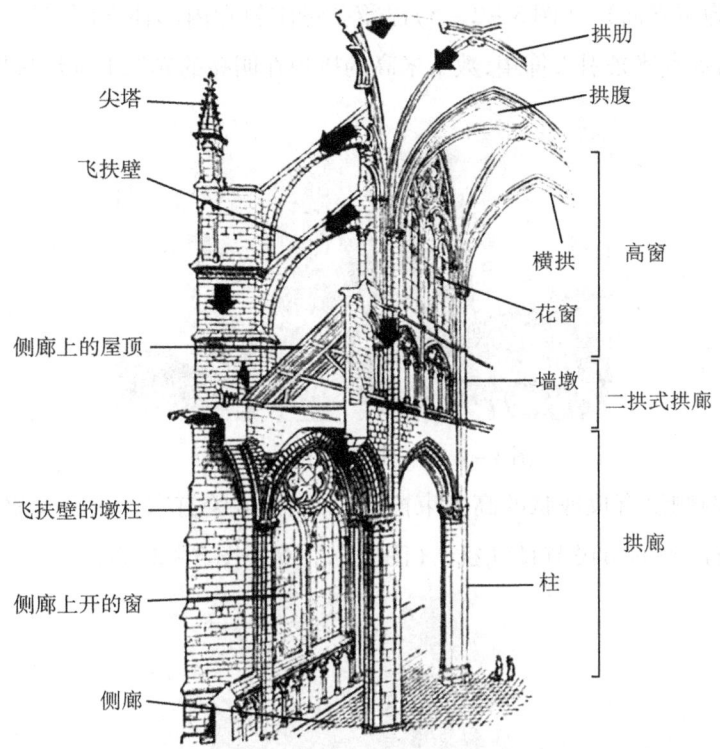

图3-2-3 巴黎圣母院轻巧的骨架券

图3-2-4 巴黎圣母院尖十字拱

巴黎圣母院的建筑材料为石材，建筑外观高耸挺拔、辉煌壮丽，整个建筑庄严和谐。建筑主体部分平面呈十字形，两翼较短，中轴较长，坐东朝西，中庭的上方有一个高达90米的尖塔。西立面是巴黎圣母院的主立面（欧洲的教堂建筑均以西立面为主立面)。(图3-2-5)巴黎圣母院教堂内部朴素而庄严,严谨而肃穆,无数的垂直线条引人仰望,数十米高的拱顶在明亮的光线下灿烂辉煌。

图3-2-5　巴黎圣母院西立面

　　主殿两侧设有玫瑰状的高大束窗,窗上面镶嵌绘有宗教人物及故事的彩色玻璃,具有浓烈的市民节日气氛。(图3-2-6至图3-2-8)

图3-2-6　巴黎圣母院内景

图3-2-7　巴黎圣母院玫瑰花窗

图 3 - 2 - 8　巴黎圣母院彩色玻璃窗

二、沙特尔大教堂

沙特尔大教堂(图 3 - 2 - 9)位于法国沙特尔城,是法国著名的天主教堂,是哥特式建筑的代表作之一。大教堂坐落在一个土山丘上,高大的中殿呈纯哥特式尖拱形,西面大门有三个拱门,正面门楣上因有耶稣基督的石雕,故以"王者之门"著称,是早期哥特式石雕艺术的经典。北面大门上雕有圣母和旧约《圣经》中的人物,而南面翼殿大门的浮雕则描述了基督的一生。因此沙特尔主教座堂被称为"石雕圣经教堂"。独特的尖顶拱、门廊上 12 世纪中期的雕像、12—13 世纪的彩色玻璃镶嵌画以及附带的大广场,都是突出的杰作。(图 3 - 2 - 10、图 3 - 2 - 11)

图 3 - 2 - 9　沙特尔大教堂

图 3 - 2 - 10　沙特尔大教堂正立面大门

图 3-2-11　沙特尔大教堂内部大厅

三、圣米歇尔大教堂

从1017年投下第一块基石到1080年落成,圣米歇尔大教堂(图3-2-12)的建造持续了60多个春秋。教堂集罗马与哥特式建筑风格于一体。大殿为典型的罗马风格,与大殿形成鲜明对照的,是哥特式的三层圆形祭坛。圣米歇尔山大教堂顶部开间的匀称布局与颇具立体感的垂直分隔、大殿与耳堂之间宽大的连拱,以及楼廊上饰有雕刻物的门窗,都展现着建筑师们独具匠心、巧夺天工的造型艺术水准,为后人留下了丰富的文化遗产。在教堂钟楼的顶端,圣米歇尔手持利剑,展翅欲飞,庇佑着诺曼底的大地。在故事中,圣米歇尔是守护天堂入口的大天使,英勇无比,曾经战胜过撒旦。(图3-2-13)

图 3-2-12　圣米歇尔大教堂

第三章　法国的建筑特色（12—19世纪）

图 3-2-13　圣米歇尔大天使雕像

第三节　法国古典主义的宫殿建筑群

17—18世纪初的法国，是路易王朝的王权极盛时期，王朝崇尚理性哲学，颂扬绝对君权体制，借鉴古代罗马和文艺复兴时期建筑的建造风格打造出法国古典主义建筑风格。

法国古典主义建筑以其严谨的造型而闻名，具有自身独特的建筑特点，比如巨柱式立面、左右五段式划分、水平三段式处理、两端及中部凸出、中上部添加山花作为建筑的构图中心等。建筑内部空间采用巴洛克风格进行装饰，色彩凝重、宏伟庄严。具有代表性的法国古典主义建筑包括规模宏大、造型雄伟的宫廷建筑和纪念性的广场建筑群，如卢浮宫、凡尔赛宫等。这一时期，法国王室兴建的离宫和园林成为其他欧洲国家争相效仿的典范。

一、卢浮宫建筑群

卢浮宫是法国最大的王宫建筑之一，坐落在法国巴黎塞纳河畔，位于巴黎歌剧院广场南侧。（图3-3-1、图3-3-2）它的整体建筑平面呈"U"形，占地总面积为240000平方米，建筑物占地面积为48000平方米。两侧的长度均为

世界建筑艺术设计概论

690米,整个建筑壮丽雄伟。卢浮宫建筑广场由东向西依次为卢浮宫庭院广场、拿破仑中庭、骑兵竞技场、杜伊勒里宫广场,具有封闭与开放并存的双重性格。卢浮宫庭院广场的最东端是一个封闭的内院空间,属于卢浮宫专用的单一广场;拿破仑中庭和骑兵竞技场是一个从封闭走向开放的过渡性广场,并设有卢浮宫的主入口(图3-3-3至图3-3-5),是集休闲、观赏、娱乐、政治、交通多功能于一体的组合性广场;杜伊勒里宫广场则是一个完全开放的花园广场,是法国古典主义的园林广场,严整有规律,体现了法国古典主义的理性集合。

图3-3-1　卢浮宫整体鸟瞰图

图3-3-2　卢浮宫前广场建筑群

第三章　法国的建筑特色（12—19世纪）

图3-3-3　骑兵竞技广场

图3-3-4　骑兵竞技广场的阿波罗凯旋门

图3-3-5　卢浮宫主入口——玻璃金字塔

卢浮宫这座历史久远的宫殿建筑，不仅样式古典、规模宏大，而且内部装饰华丽。文艺复兴的建筑样式、巴洛克风格、古典主义风格、洛可可建筑形制等都在卢浮宫的建筑史上留下了印记。卢浮宫收藏的艺术珍品超过40万件，涵盖雕塑、绘画、美术工艺以及古代埃及、古代希腊、古代罗马等六个门类。这些珍品包括古代埃及、古代希腊、古代罗马的艺术品，以及来自东方各国的作品，还包括从中世纪到现代的雕塑作品，以及大量的王室珍玩和绘画精品。（图3-3-6至图3-3-11）

图3-3-6　卢浮宫博物馆连廊

图3-3-7　路易十四雕塑

第三章 法国的建筑特色（12—19 世纪）

图 3-3-8　卢浮宫博物馆画廊

图 3-3-9　卢浮宫博物馆的地下雕塑大厅

图 3-3-10　自由女神雕像

世界建筑艺术设计概论

图3-3-11　爱神维纳斯雕像

二、凡尔赛宫建筑群

凡尔赛宫及其庭院是法国古典主义宫廷建筑和园林建筑的代表作。（图3-3-12、图3-3-13）它位于法国首都巴黎西南部18公里的凡尔赛镇，占地111万平方米，其中宫殿建筑面积11万平方米，园林面积100万平方米。凡尔赛宫的园林分为花园、小林园和大林园。气势磅礴的凡尔赛宫经200多年的扩展和重建，成为一座规模宏伟、雍容华贵的法国风格的建筑，是欧洲17—18世纪许多国家皇室宫殿和园林争相效仿的典范，它的理性园林布局及理念，影响了大部分欧洲国家的城市规划和建设。凡尔赛宫的建筑立面采用了标准的法国古典主义宫廷建筑的三段式处理，将立面划分为横向三段、纵向五段，建筑左右对称，使得造型轮廓整齐、庄重雄伟。凡尔赛宫因其理性美而备受称赞。（图3-3-14、图3-3-15）

图3-3-12　凡尔赛宫鸟瞰

第三章 法国的建筑特色（12—19 世纪）

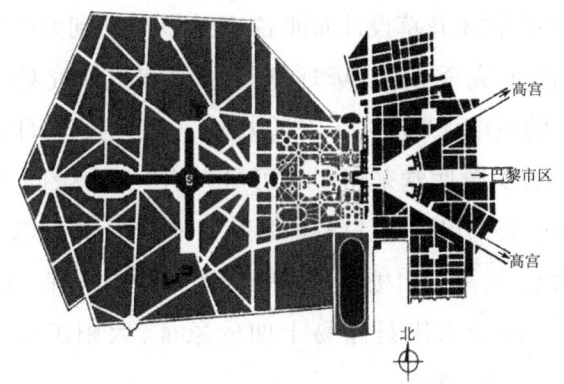

图 3-3-13　凡尔赛宫总平面图

图 3-3-14　凡尔赛宫入口

图 3-3-15　路易十四雕像

凡尔赛宫正宫前面是一座风格独特的法兰西式的古典主义大花园，这个大花园以其别具匠心的树木花草设计而闻名,让人观后感到美不胜收。建筑群周边的园林也很出名,它完全由人工雕琢修剪而成,极其讲究对称和几何图形的规整,对欧洲各国的城市规划产生了深远影响。凡尔赛宫内部装饰主要以豪华的巴洛克风格为主,少数厅堂采用了洛可可风格。500余间大殿小厅金碧辉煌,装饰豪华。内壁装饰以雕塑、巨幅油画及壁画为主,并配以17、18世纪造型超绝、工艺精湛的家具,呈现出极富艺术魅力的场景。大理石院和镜厅是其中最为突出的两处。因为太阳是路易十四的象征,太阳王也是常用的题材。(图3-3-16至图3-3-28)

图3-3-16　凡尔赛宫花园1

图3-3-17　凡尔赛宫花园2

第三章 法国的建筑特色(12—19世纪)

图 3-3-18 凡尔赛宫后花园的拉东娜水池

图 3-3-19 凡尔赛宫后花园的阿波罗雕塑

图 3-3-20 凡尔赛宫镜廊

113

图3-3-21 路易十四雕塑

图3-3-22 凡尔赛宫红厅

图3-3-23 凡尔赛宫的绘画1

第三章　法国的建筑特色（12—19 世纪）

图 3-3-24　凡尔赛宫的绘画 2

图 3-3-25　凡尔赛宫雕塑

图 3-3-26　凡尔赛宫战厅

图3-3-27　凡尔赛宫画廊

图3-3-28　凡尔赛宫的大特里亚农宫

第四节　法国洛可可风格的室内建筑

洛可可风格于17世纪末至18世纪初产生于法国，流行于法国和德国贵族的府邸及王宫建筑的室内装饰中，它是在巴洛克装饰艺术的基础上发展起来的，在世界各地都有影响力。洛可可风格主要体现在室内的装饰上，在府邸的形制和外形上也有相应体现。如苏俾士府邸客厅、阿么劳府邸、波茨坦新宫寝室、玛蒂尼府邸。

洛可可风格的府邸整体亲切而舒适，平面分区明确，功能紧凑合理，前客厅

第三章　法国的建筑特色（12—19世纪）

后卧室,卧室附设卫浴,分为左右两院,曲线形平面,进深较大,走廊楼梯较小,客厅精致温雅。房间、院落均为方形抹圆角或圆形、椭圆形或多边形空间,体现出新颖别致、亲切温雅、工巧精细的建筑特点。

洛可可风格的室内装饰具有细腻柔美的特点,常常采用不对称的手法。这一风格还喜欢运用弧线和"S"形线,尤其偏爱将贝壳、涡卷和山石等作为装饰题材,装饰元素如卷草、舒花,缠绵盘绕,形成连贯的整体效果。天花板和墙面有时通过弧面相连,转角处常布置壁画,展现出一种独特的艺术美感,体现出柔美温软、细腻琐碎、娇弱豪华的艺术风格。(图3-4-1至图3-4-4)

图3-4-1　建筑室内的洛可可风格1

图3-4-2　建筑室内的洛可可风格2

世界建筑艺术设计概论

图3-4-3 建筑室内的洛可可风格3

图3-4-4 建筑室内的洛可可风格4

第五节 法国古典主义的广场与城市建筑

17—18世纪初，法国在路易十三和路易十四专制王权极盛时期，极力倡导古典主义建筑风格，法国古典主义风格的城市建筑在这一时期发展与兴盛起来。这些建筑具有造型严谨，城市建筑与广场积极应用古典柱式、室内空间装饰丰富多彩等特点，宗教氛围淡漠而民用气氛强烈。

法国古典主义建筑的代表作主要体现在规模宏伟壮丽、造型威严雄伟的宫廷建筑和纪念性广场建筑群，如旺道姆广场、南锡广场和协和广场等。

一、旺道姆广场

旺道姆广场(图3-5-1)位于法国巴黎,建于1699—1701年,是法国古典主义广场建筑的典型代表。旺道姆广场是一座充满纪念色彩的半封闭、以交通为主的广场。广场平面呈长方形,建筑均为3层,采用立面三段式构图,中间巨柱式立面,底层是券廊结构,内设店铺,上面两层是住宅,外部采用科林斯式壁柱,立面构图体现出严谨、简洁的古典主义特征。坡形屋顶,明显的老虎窗显露出法国传统建筑的痕迹。旺道姆广场纵横轴线的交点耸立着拿破仑青铜记功柱(图3-5-2),以纪念拿破仑1805至1807年间对俄国和奥地利战争的胜利。柱子顶端立有拿破仑雕像,柱身自下而上环绕着铜铸浮雕,记录着拿破仑一生的丰功伟绩。

图3-5-1　巴黎的旺道姆广场

图3-5-2　旺道姆广场的拿破仑记功柱

二、南锡广场

受洛可可思潮影响,法国南锡广场空间形态多变(图3-5-3、图3-5-4),与大自然及河流呼应,轻松活泼,标志着法国的城市广场突破了空间的界限。南锡广场群由三个广场串联起来,北边王室广场,南边路易十五广场,中间是一个狭长的跑马广场,南北总长约450米,建筑物按照纵向轴线对称排列而成。

图3-5-3　南锡广场建筑

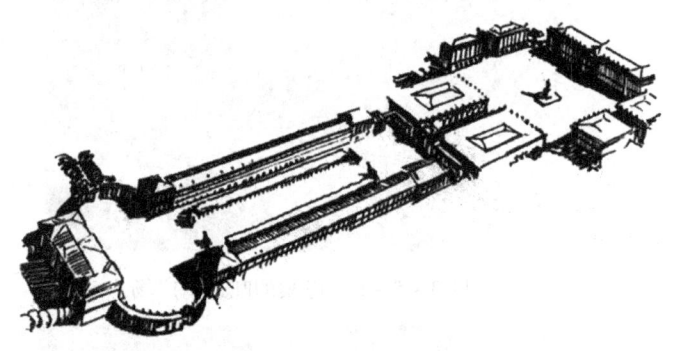

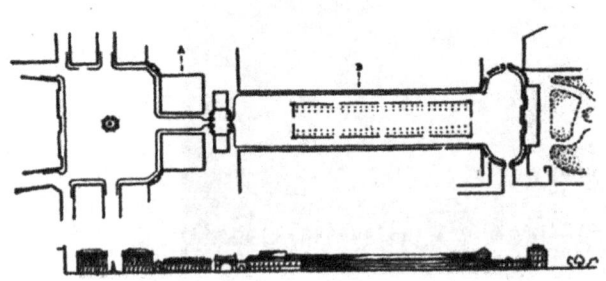

图3-5-4　法国南锡广场鸟瞰和平面图

三、协和广场

协和广场是世界第二大广场,位于巴黎市中心(图3-5-5)、塞纳河北岸和香榭丽舍大道中段(香榭丽舍大道尽头是凯旋门),是法国开敞式广场和城市中轴线上的重要枢纽。(图3-5-6至图3-5-9)广场呈八角形,中央矗立着埃及方尖碑,它是埃及总督赠送给法国查理五世国王的。方尖碑是由整块的粉红色花岗岩雕刻而成,上面刻满了埃及象形文字,用以赞颂埃及法老的丰功伟绩。(图3-5-10)广场的四周有8座雕像,象征着法国的8大城市。(图3-5-11至图3-5-14)

图3-5-5　巴黎市中心鸟瞰

图3-5-6　塞纳河沿岸历史中心区鸟瞰

图3-5-7　星形广场中央的拿破仑凯旋门

图3-5-8　香榭丽舍大道

图3-5-9　塞纳河畔的协和广场

第三章 法国的建筑特色（12—19世纪）

图 3-5-10 协和广场的方尖碑

图 3-5-11 协和广场的喷泉

图 3-5-12 协和广场的门柱与雕塑

123

世界建筑艺术设计概论

图3-5-13　自协和广场远眺埃菲尔铁塔

图3-5-14　协和广场对景——拿破仑军功庙

第六节　古典复兴时期的帝国风格建筑

帝国风格是指拿破仑帝国时期的代表性建筑风格,它的作用是颂扬对外战争的胜利,是大资产阶级的凯歌。帝国风格的建筑形体高大、风格雄伟,照搬罗马帝国时期的建筑原貌,追求建筑物的纪念性。主要作品有巴黎凯旋门(也称"雄狮凯旋门")(图3-6-1)和拿破仑军功庙。巴黎凯旋门是一座迎接外出征战的军队凯旋的大门,位于法国巴黎的戴高乐广场中央,香榭丽舍大街的西端,是现今世界上最大的一座圆拱门。凯旋门高49.54米,宽44.82米,厚

22.21米,中心拱门高36.6米,宽14.6米。

图3-6-1 巴黎雄狮凯旋门

在凯旋门两面门墩的墙面上,有4组以法国资产阶级大革命为题材的大型浮雕:出征、胜利、和平、抵抗。(图3-6-2至图3-6-5)凯旋门的四周设置有门洞,门洞内刻着跟随拿破仑远征的将军名字和胜仗的事迹,门洞上还雕刻着1792—1815年的法国战事史。巴黎市区12条大街都以凯旋门为中心,向四周放射,气势磅礴,这种设计风格成为欧洲大城市的设计典范。

图3-6-2 雕像·出征　　图3-6-3 雕像·胜利

图3-6-4　雕像·和平

图3-6-5　雕像·抵抗

拿破仑军功庙是1799年拿破仑建立的一座陈列战利品的仿罗马帝国风格的军功庙宇。军功庙采用了周边围廊式庙宇的建筑形制，正面8根柱子，侧面18根，都是科林斯柱式。军功庙的大厅由3个扁平的穹顶覆盖，穹顶用铸铁做骨架。（图3-6-6、图3-6-7）

图3-6-6　巴黎军功庙

图3-6-7　巴黎军功庙柱式

第七节　古典复兴时期的折中主义建筑

折中主义建筑是 19 世纪上半叶至 20 世纪初在欧美国家流行的一种建筑风格。它弥补了古典主义和浪漫主义建筑风格的局限性，随意模仿历史上的各种建筑风格，或自由组合历史上的各种样式，也称"集仿主义"。折中主义建筑没有固定的构图形式，构图元素混杂，但讲求比例均衡，注重纯形式美，具有强烈的视觉冲击和纯粹的古典美感。代表作有巴黎歌剧院、巴黎圣心教堂和恩瓦立德新教堂。

一、巴黎歌剧院

巴黎歌剧院是法国古典复兴时期折中主义建筑的典型代表，其内部装饰和建筑外表都极尽华丽，将古代希腊罗马券廊、文艺复兴双柱、帕拉第奥母题构图、巴洛克手法等建筑形式完美地组合在一起，被称为一座绘画、大理石和纯金装饰交相辉映的世界一流歌舞剧院，给世人以极大的精神和视觉享受。（图 3-7-1 至图 3-7-4）

图 3-7-1　巴黎歌剧院外观

图 3-7-2　巴黎剧院室内 1

图 3-7-3　巴黎剧院室内 2

图 3-7-4　巴黎剧院室内 3

二、圣心教堂

圣心教堂位于法国巴黎的蒙马特高地至高点上(图3-7-5、图3-7-6),它高耸的穹顶和厚实的墙身体现着拜占庭建筑的风格,同时兼有哥特式教堂的构图原色以及古代罗马建筑拱券的表现手法。钟楼内部呈方形,有一口大钟,叫萨瓦人钟,重19吨,是世界著名大钟之一。教堂有三扇拱形门,两侧的门顶上矗立着两座骑马雕像,一座是国王圣路易,另一座是法国的民族女英雄贞德。教堂里面有许多浮雕、壁画和马赛克镶嵌画。

图3-7-5 巴黎圣心教堂远眺

图3-7-6 巴黎圣心教堂

三、恩瓦立德新教堂

恩瓦立德新教堂摒弃了传统的罗马式和哥特式设计,而选择了正方形的希腊十字平面(图3-7-7),四个角落各有一个圆形祈祷室。建筑顶部用有力的鼓座高高举起饱满有力的穹顶,构成了集中式的纪念碑。穹顶高达105米,形成教堂垂直构图中心。穹顶由三层壳体构成,顶上增加了一个文艺复兴时期常用的采光亭。穹顶面上12根肋架之间铝制贴金的战利品浮雕,在绿色底的衬托下,辉煌夺目。(图3-7-8、图3-7-9)恩瓦立德教堂内部明亮,装饰很少,柱式组合表现出严谨的逻辑性,脉络分明,庄严而高雅,没有宗教的神秘感和献身精神。(图3-7-10)

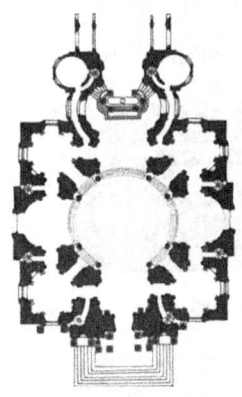
图3-7-7　恩瓦立德新教堂平面

图3-7-8　恩瓦立德新教堂穹顶和局部

图3-7-9　恩瓦立德新教堂正立面

图 3-7-10　恩瓦立德新教堂室内

第八节　古典复兴时期的理性主义建筑

20 世纪初,法国建筑在受古代希腊和古代罗马共和时期建筑影响的同时,也受到新理性主义的影响,建筑趋向简洁严峻,强调几何形体,形成了理性主义建筑。(图 3-8-1)代表建筑有万神庙祖先祠、波尔多剧院等。

图 3-8-1　古典复兴时期的理性主义建筑

一、万神庙祖先祠

万神庙祖先祠(图 3-8-2)建造于法国 1789 年大革命前后,是采用古代希腊和古代罗马风格来强调共和国政治特色的理性主义建筑。建筑把古代罗马风格和古代希腊风格混合使用，无论从平面布局还是立面构图，都具有强烈的新理性主义的建筑特征。万神庙结构轻盈，墙体较薄，柱子较细，强调简单的几何形状，直接采用古代罗马庙宇正面的构图，西面柱廊有6根19米高的柱子，顶着山花，下面没有基座层，只有11步台阶。（图3-8-3）

图3-8-2　巴黎万神庙

图3-8-3　巴黎万神庙内景

二、波尔多剧院

波尔多剧院（图3-8-4）是1773—1780年由建筑师维托路易设计建造的一座古典样式的剧场。剧场长47米，高19米，宽88米，正面12根科林斯式圆柱颇似希腊神殿前的圆柱,柱子的上半部雕刻着希腊神话中的音乐女神、诗词等,内部有华丽的大阶梯(图3-8-5)。

图3-8-4　波尔多剧院

图3-8-5　波尔多剧院内的楼梯

第四章

欧美各国的建筑风格
（13—19 世纪）

13—19世纪,随着资本主义制度在欧洲的兴起,欧美各国的政治经济发生了巨大的变革,各国的建筑风格也因此而有所不同。虽然各国建筑的特点各异,但整体上受到了文艺复兴、巴洛克和古典主义建筑风格的影响。本章以英国、荷兰、德国、西班牙、俄罗斯、美国的建筑为例进行说明。

第一节　英国的建筑

英国的全称为大不列颠及北爱尔兰联合王国,由英格兰、威尔士、苏格兰和北爱尔兰组成。英国的历史也由这四个区域的历史交织组成。1535年,威尔士成为英格兰王国的一部分。18世纪后半叶至19世纪上半叶,英国成为世界上第一个完成工业革命的国家。19世纪是大英帝国的全盛时期。1914年,英国占有的殖民地比本土面积大111倍,是世界第一殖民大国,自称"日不落帝国"。1922年,爱尔兰独立,爱尔兰的北部仍留在英联合王国内。

13—19世纪的英格兰,建筑创造性不多,古代希腊、古代罗马、哥特式、文艺复兴、巴洛克、法国古典主义、荷兰古典主义及历史上的各种建筑风格均很流行。英国唯一有民族特色的建筑是都铎风格建筑。

一、英国民间的木构建筑

英国民间的木构建筑工艺精细,深色露明木构架的装饰效果很强,屋面坡度较为平缓,木构架间填砖后抹白灰,古老钱和十字花图案是其典型的细部装饰图案。(图4-1-1)

图4-1-1　英国切莫尔小莫顿厅

二、英国的哥特式教堂建筑

英国的哥特式教堂建筑的外部形体模仿法国，内部装饰较为烦琐且更加自由多样，教堂平面十字交叉处上部的尖塔很高，是垂直构图中心，结构形式作简化处理。（图4-1-2至图4-1-6）

图4-1-2　英国的哥特式教堂建筑

图4-1-3 英国布里斯托大教堂

图4-1-4 英国布里斯托大教堂室内1

图4-1-5 英国布里斯托大教堂室内2　　图4-1-6 英国布里斯托大教堂侧厅顶

三、英国王宫

英国比较保守,在建筑方面创新不多,王宫建筑风格以古典复兴为主,如英国白金汉宫(图4-1-7)、汉普顿宫。英国白金汉宫采用法国古典主义建筑风格,建筑立面为水平三段、横向五段式,单纯精练,和谐典雅。位于格林尼治的女王府邸(图4-1-8),7个开间,虽然体量有限,但同样采用了部分法国古典主义的设计手法,特色不够明显。汉普顿宫是前英国皇室官邸,建筑外部使用红砖墙面,采用白石细部、华丽的山花进行装饰,具有荷兰古典主义建筑的风格。

图4-1-7 英国白金汉宫

图4-1-8 格林尼治女王府邸

四、英国府邸建筑中的都铎风格

都铎风格是英国独特的建筑风格,形成于都铎王朝时期,主要体现在贵族府邸的建筑中,如沃莱顿府邸(图4-1-9、图4-1-10)。这些府邸不仅供国王巡游使用,还采用了合院布局,功能齐全,规模宏大,而楼梯则是装饰的重点。都铎风格的主要特点包括室外采用红砖立面、白石细部装饰、形体起伏、柱式自由、方额窗口以及四圆心券。室内方面,采用深色木板、浅灰色抹灰,以及曲、直线格子相交等设计,还常常以垂钟乳状装饰。

图4-1-9　英国沃莱顿府邸

图4-1-10　英国沃莱顿府邸内部

五、英国府邸中的英中式花园

17世纪下半叶,中国园林艺术进入西方,并受到英国贵族的喜爱。英国的府邸建筑中出现了中式园林的影子。于是在创造性不多,但规模宏大、追求豪华且功能紊乱的英国新贵族府邸中,出现了英中式花园。英中式花园崇尚自然的浪漫主义,将中式园林中的造园题材运用到西式园林中,更加注重打造适合休闲和享乐的场所。(图4-1-11至图4-1-13)

图4-1-11　伯仑南姆府邸及庭院

图4-1-12　坎德莱斯顿府邸的英中式花园

图4-1-13 英中式花园中的中国塔

六、英国古典复兴时期的建筑

16世纪中叶,文艺复兴风格的建筑在英国兴建,此时期英国的建筑物出现过渡性风格,既流行都铎风格,又采用意大利文艺复兴建筑的细部,同时也继续传承古代希腊罗马时期的建筑形制。

(一)圣保罗大教堂

圣保罗大教堂是英国资产阶级革命的里程碑建筑,是世界第二大教堂。圣保罗大教堂整体风格可以概括为:拉丁十字平面、哥特式立面、巴洛克手法、文艺复兴细部,整个建筑模数严整,单纯简洁,雄伟壮观,是英国古典复兴建筑的杰出代表。(图4-1-14、图4-1-15)

图4-1-14 圣保罗大教堂西立面

第四章 欧美各国的建筑风格（13—19 世纪）

图 4-1-15　圣保罗大教堂南立面

（二）英国的浪漫主义建筑

英国的浪漫主义建筑兴起于 18 世纪末，又称哥特复兴主义建筑。浪漫主义建筑强调个性、提倡自然主义，主要表现为回避现实、憎恨城市、向往田园、提倡道德、崇尚传统。在建筑上表现为哥特复兴，追求超凡脱俗，并带有异国情调。代表作有伦敦塔桥、英国国会大厦等。

1. 伦敦塔桥

伦敦塔桥（图 4-1-16）是一座上开悬索桥，横跨英国伦敦的泰晤士河。中部两座高塔采用花岗石和钢铁建造，高约 60 米，分为上下两层，主塔上设有白色大理石屋顶和五个小尖塔，形状宛如两顶王冠。两塔之间的跨度 60 多米，塔基和两岸通过钢缆与吊桥相连。该桥整体造型华丽，展现出恢宏的气势。

图 4-1-16　伦敦塔桥

143

2. 英国国会大厦

英国国会大厦是英国浪漫主义建筑的代表作品,同时也是大型公共建筑中第一个哥特复兴的杰作。其位于泰晤士河畔,全长273米,占地3万平方米,呈长方形。其屋顶上冠有大量小型尖塔,墙体装饰有尖拱窗、精美的浮雕、飞檐以及石雕,整体造型和谐融合,充分体现了浪漫主义建筑风格的整体风貌。国会大厦的室内有布满雕花的走廊、华盖、像龛,以及色彩明快的马赛克拼嵌画、大型的水彩壁画,精美别致,为典型的巴洛克装饰风格。(图4-1-17、图4-1-18)

图4-1-17　英国国会大厦室内

图4-1-18　英国国会大厦外观

(三)英国的希腊复兴建筑

希腊复兴建筑出现于18世纪末19世纪初,借鉴了古代希腊神庙建筑的设计风格。英国以复兴希腊建筑形式为主,模仿古代希腊的建筑形制和艺术处理方法,如爱丁堡皇家高等中学(图4-1-19)、伦敦的不列颠博物馆(大英博物馆)(图4-1-20、图4-1-21)等。不列颠博物馆成立于1753年,位于英国伦敦新牛津大街北面的罗素广场,它是世界上历史最悠久、规模最宏伟的综合性博物馆,同时,也是世界上规模最大、成就最高的四大博物馆之一。该馆采用前柱廊式,博物馆正门的两旁,各有8根高大的希腊爱奥尼圆柱,有浮雕装饰的山花顶,是典型的希腊古典建筑形式。

图4-1-19　爱丁堡皇家高等中学

图4-1-20　不列颠博物馆正面入口处

图4-1-21　不列颠博物馆鸟瞰

第二节　荷兰的建筑

荷兰是欧洲西北部的一个国家,是世界著名的低地国家,邻国为德国和比利时。荷兰是欧盟和北约的创始国之一,同时也是联合国和世界贸易组织等国际组织的成员国。

17世纪,荷兰是当时世界上最强大的海上霸主,曾被誉为"海上马车夫"。世界上最早的银行、股票、异地汇兑等均发祥于此。2014年,荷兰本土设12个省,下设443个市镇。2013年人口数量1680万,人口密度为407.5人/平方公里。荷兰的首都设在阿姆斯特丹。政府机关、国王的居住地和办公场所以及众多的组织等位于海牙这个城市。荷兰是一个高度发达的资本主义国家,并以海堤、风车、郁金香和宽容的社会风气闻名于世。

17世纪,荷兰建造了市政厅、交易所、钱庄、行会等世俗建筑,这些建筑深受巴洛克风格的影响,同时也受到了意大利文艺复兴和法国古典主义的建筑形式的熏陶。与此同时,荷兰的建筑风格也对法国和英国等资本主义国家的建筑形式产生了深远的影响。(图4-2-1)

第四章 欧美各国的建筑风格（13—19世纪）

图4-2-1　荷兰风光

一、荷兰古典主义建筑

荷兰古典主义建筑在形式上注重简洁，色彩明快，以山花作为华丽的装饰元素，采用叠柱式的立面设计，呈现出水平构图和经典的三角形山花等特征，采用红砖墙面，白石细部，马牙石护墙角。这影响了英国和法国的中上层人士的住宅形式。（图4-2-2）

图4-2-2　荷兰小镇风貌

二、荷兰行会建筑

荷兰行会建筑通常位于繁华市区，具有密集的特点。其建筑正面较为狭窄,深度较大,这一设计传承了古代希腊建筑的传统。建筑的山墙通向街道,屋顶陡峭,常设有多层阁楼和窗户,采用陡尖的山花和哥特式尖塔等元素,使建筑整体呈现出明朗轻快、形体华丽的特色。(图4-2-3)

图4-2-3　荷兰安特卫普市场上的行会大厦

三、荷兰市政厅建筑

政府建筑在选址上用地较为宽裕,受巴洛克建筑影响,市政厅建筑一般采用长边立面,红砖外墙,白石细部,陡峭屋顶,装饰有华丽的山花。(图4-2-4至图4-2-6)

图4-2-4　荷兰阿姆斯特丹市政厅(老王宫)

图 4-2-5　荷兰莱顿市政厅

图 4-2-6　荷兰古达市政厅

第三节　德国的建筑

13—19 世纪的德国,宗教改革的不成功、经济的下滑以及文化的守旧,使德国建筑保留了中世纪的风貌,展现了浓厚的地方特色。居住建筑的特征通常包括平面整齐、屋顶陡峭,以及楼梯外凸、上设尖顶;市政厅建筑在形制上与住宅相似,但屋顶更为陡峭。此时期还出现了一种被称为"肆意洛可可"风格的建筑,其风格可概括为:恣纵无度、毫无节制、娇艳妩媚、放荡不堪,艺术价值很低。

一、德国传统的幔纱屋面建筑

德国最具民族特色的建筑为幔纱屋面建筑。德国民间建筑采用传统的木构架屋顶,四坡或者两坡屋面,被称为幔纱屋面,坡屋面建造为两折,下折比上折更陡峭,墙体可用砖或石砌筑。(图4-3-1至图4-3-3)

图4-3-1　莱茵河畔的幔纱屋面建筑

图4-3-2　海德堡市的幔纱屋面建筑

第四章 欧美各国的建筑风格（13—19世纪）

图4-3-3 德国的教堂和幔纱屋面建筑

二、德国的哥特式教堂建筑

德国的哥特式教堂建筑深受法国影响，但外部装饰较为烦琐，不做结构的飞架券，如科隆大教堂（图4-3-4）、维也纳斯蒂芬教堂。科隆大教堂位于科隆市中心，始建于1248年，是欧洲北部最大的教堂、世界第三大教堂，也是德国第一座完全按照法国哥特盛期样式建造的教堂，更是哥特式建筑艺术的典范。科隆大教堂为罕见的五进建筑，内部空间高大宽敞，西立面的高塔直向苍穹，象征人与上帝沟通的渴望。除两座高塔外，教堂外部还有多座小尖塔烘托。教堂四壁装有描绘圣经人物的彩色玻璃及玫瑰窗；钟楼上装有5座响钟，最重的达24吨，五钟齐鸣，声音洪亮。

图4-3-4 德国科隆大教堂

三、德国的宫殿建筑

德国宫殿建筑深受巴洛克风格和洛可可风格的影响。建筑师们巧妙地利用楼梯的形态变化,将空间穿插,并且借助古典雕塑、绘画和变化多样的栏杆等进行装点,使宫殿整体呈现出生动活泼、富丽堂皇的氛围,如阿夏芬堡宫(图4-3-5)、乌兹堡寝宫、波茨坦新宫、德累斯顿尊阁宫等。

图4-3-5　阿夏芬堡宫

四、德国的古典复兴建筑

德国的古典复兴建筑以模仿古代希腊的建筑形制和艺术处理方法为主(图4-3-6至图4-3-9),同时也建造欧洲历史上其他形式的古典建筑(图4-3-10至图4-3-13)。

图4-3-6　希腊复兴风格的柏林布兰登堡门

第四章 欧美各国的建筑风格（13—19世纪）

图4-3-7 希腊复兴风格的慕尼黑国王广场大门

图4-3-8 希腊复兴风格的柏林国家剧院

图4-3-9 希腊复兴风格的奥地利议会大厦

图4-3-10　巴洛克风格的奥地利皇宫大门

图4-3-11　折中主义风格的奥地利美泉宫1

图4-3-12　折中主义风格的奥地利美泉宫2

图 4-3-13　文艺复兴风格的奥地利国家歌剧院

第四节　西班牙的建筑

人类大约在 3 万 5 千年前就已经进入了伊比利亚半岛。西班牙的历史可以追溯到伊比利亚半岛的史前时期。在漫长的历史过程中，西班牙经历了西班牙帝国的崛起和衰落等各种变迁。如今，西班牙是一个独立的君主立宪制主权国家，同时也是欧盟的成员国。

西亚的建筑类型、建筑形制、设计手法和伊斯兰建筑一直保持着对西班牙建筑的强烈影响。西班牙的建筑集古代希腊、古代罗马和伊斯兰建筑风格于一体，并与当地的建筑特点融会贯通，形成了鲜明的西班牙特色。（图 4-4-1）

图 4-4-1　西班牙马德里皇宫

一、西班牙8—14世纪的建筑代表

(一)科尔多瓦大清真寺

科尔多瓦大清真寺(图4-4-2、图4-4-3)具有摩尔建筑和西班牙建筑的混合风格,广厅式形制,连续券结构,内部装饰极为豪华,由斑岩、碧玉和各种颜色的大理石构筑而成。大殿东西宽126米,南北深112米,18排柱,每排36根,柱头和顶棚间三层发券,层层叠叠,迷离惝恍,马蹄券、半圆券、火焰券、三叶草券、梅花券等,重叠交错,神秘华丽,装饰性极强,宗教气氛十分浓烈。(图4-4-4至图4-4-6)

图4-4-2 科尔多瓦大清真寺外观

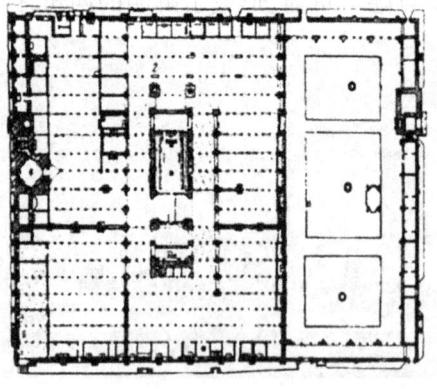

图4-4-3 科尔多瓦大清真寺平面图

第四章　欧美各国的建筑风格（13—19世纪）

图4-4-4　科尔多瓦大清真寺室内1

图4-4-5　科尔多瓦大清真寺室内2

图4-4-6　科尔多瓦大清真寺室内3

(二)吉拉尔达塔(风信塔)

吉拉尔达塔(图4-4-7)由伊斯兰教徒阿莫阿德家族于12世纪末主持修建,它浑朴中可见精致,用来报时和召集信徒,伊斯兰风格浓郁。小巧的阳台,几何形砖雕,马蹄或花瓣券式,方形平面,砖石建造,94米高,上设风标,尺度下粗上细,比例下大上小,装饰下简上繁,对文艺复兴时期欧洲各国塔的形式影响很大。

图4-4-7　吉拉尔达塔

(三)阿尔罕布拉宫(13—14世纪)

阿尔罕布拉宫是西班牙的著名宫殿,为中世纪摩尔人在西班牙建立的格拉纳达王国的王宫。格拉纳达地区地势险要,四周环以3500米长的红石围墙城垣和数十座高低不等的方塔碉楼(图4-4-8)。宫中主要建筑由两处宽敞的长方形宫院——石榴院(图4-4-9、图4-4-10)、狮子院(图4-4-11、图4-4-12)以及与其相邻的厅室组成。石榴院为南北向,以朝议为主,轻盈的空券廊与厚重的墙壁形成对比,显得十分轻快。狮子院呈东西向,供嫔妃居住。柱廊式的建筑形制、马蹄券,优雅而精致,建筑造型变化丰富,装饰精巧中见华丽,纤细中显娇媚,做工几乎可同金银饰品媲美,也被称为"银匠式风格"。

第四章 欧美各国的建筑风格（13—19 世纪）

图 4-4-8　阿尔罕布拉宫的厚重围墙及碉楼

图 4-4-9　阿尔罕布拉宫石榴院 1

图 4-4-10　阿尔罕布拉宫石榴院 2

图4-4-11　阿尔罕布拉宫狮子院

图4-4-12　阿尔罕布拉宫狮子院细部

二、西班牙15—19世纪的建筑

从15世纪末叶开始,意大利文艺复兴建筑风格影响了西班牙建筑风格,呈现出把文艺复兴建筑的细部用在哥特式建筑上的特点,同时还带有中世纪统治西班牙的摩尔人的艺术印记。15—19世纪的西班牙建筑特征如下。

(一)宫廷建筑规模大、结构完整

通常规模庞大,例如位于马德里郊区的埃斯库里阿尔宫(图4-4-13、图4-4-14),是当时西班牙建筑平面设计的一大成就。它平面较大,占地

30000 多平方米，为一个长 210 米，宽 168 米的长方形，分区明确，布局合理，内部的教堂建筑是整个宫殿的构图中心。教堂为拉丁十字平面，半球形的穹顶、正门、侧廊应有尽有，虽然处于庭院内，却结构完整。

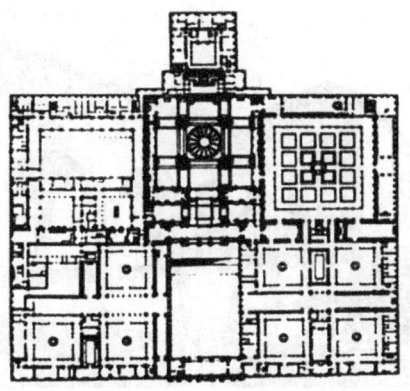

图 4-4-13　埃斯库里阿尔宫平面图

图 4-4-14　埃斯库里阿尔宫室内

（二）流行巴洛克风格

西班牙在 17 世纪和 18 世纪前叶流行巴洛克风格。巴洛克风格的教堂采用拉丁十字平面，西面一对钟塔保持着哥特式构图，但上部完全是巴洛克的装饰手法，而且装饰的堆砌更加严重，起伏与光影的变化都很浮夸。一个柱子有几个柱头，过多的装饰将檐部、山花淹没，构图狂乱、混杂，完全没有理性，也被称为"超级巴洛克"，艺术水平很低。这种教堂的代表是圣地亚哥·德·贡波斯代拉教堂。

教堂追求伊斯兰装饰与文艺复兴柱式的细部结合,体现了工艺的高超,朴素与繁密形成鲜明对比,厚重与轻灵相映成趣,在沉稳中流露出奔放、质朴且蕴含细致之美的银匠式建筑风格。(图4-4-15、图4-4-16)

图4-4-15　西班牙建筑

图4-4-16　西班牙建筑室内

第五节　俄罗斯的建筑

东斯拉夫人涵盖俄罗斯、乌克兰、白俄罗斯人,开启了俄罗斯的历史。东斯拉夫人建立的第一个国家是基辅罗斯。自1988年起,东正教传入基辅罗斯,象征着拜占庭和斯拉夫文化的交汇,为俄罗斯文化的发展奠定了基础。

俄罗斯的建筑风格以 17 世纪为分界点,分为以下两个类型。

一是 17 世纪前俄罗斯文化封闭,受俄罗斯地理位置及自然环境的影响,建筑风格独特,民间建筑多使用木材,具有水平叠木、屋面坡陡、空间狭小、楼梯置于室外等特点。(图 4-5-1)

图 4-5-1　俄罗斯木建筑

二是 17 世纪后形成了具有鲜明民族特色的建筑风格,战盔式穹顶被广泛使用,以木材做骨架,外包金属皮,形体像武士的头盔,并形成了俄罗斯古典主义建筑风格。俄罗斯古典主义建筑多以红砖建造,白石细部,战盔式穹顶,高高的尖塔,花瓣状装饰;形象欢乐,色彩强烈,装饰华丽。俄罗斯古典主义教堂民族特色鲜明,教堂(东正教)建筑特色鲜明。(图 4-5-2 至图 4-5-6)俄罗斯的宫殿建筑采用巴洛克风格,如克里姆林宫与红场、圣彼得堡历史中心区及建筑。(图 4-5-7)

图 4-5-2　俄罗斯古典主义教堂 1

图4-5-3　俄罗斯古典主义教堂2

图4-5-4　俄罗斯古典主义建筑

图4-5-5　玛利亚大教堂及小教堂

第四章　欧美各国的建筑风格（13—19世纪）

图4-5-6　玛利亚大教堂的彩绘凉亭

图4-5-7　冬宫室内

一、克里姆林宫与红场

克里姆林宫位于俄罗斯首都莫斯科市中心，是俄国历代帝王的宫殿之一。与克里姆林宫毗连的是红场，它们一同构成了莫斯科最富有历史文化价值的区域。红场的正中央是克里姆林宫的东墙，而宫墙的左右两侧耸立着斯巴斯基塔楼和尼古拉塔楼，这两座塔在空中矗立着，呈现出异常壮观的景象。（图4-5-8）

图4-5-8　莫斯科红场建筑群

　　红场是莫斯科最古老的广场,虽然经历了多次修建和改建,但仍然保持着原始的风貌。广场的路面经过岁月的磨砺,变得光滑且凹凸不平。红场呈长方形,南北长695米,东西宽130米,总面积为9.35万平方米。踏入红场就如同进入了俄罗斯精神家园的大门,这片广场也象征着俄罗斯民族悠久的历史。

　　红场上的华西里-伯拉仁内教堂(图4-5-9)是俄罗斯东正教最华丽的建筑。这座宫殿14世纪到17世纪期间由许多出色的俄罗斯和外国建筑师设计和修建,曾是历代帝王和王室的居所,同时也是俄罗斯政治和宗教的中心。(图4-5-10至图4-5-12)

图4-5-9　华西里-伯拉仁内教堂

第四章　欧美各国的建筑风格（13—19世纪）

图4-5-10　克里姆林宫内的教堂

图4-5-11　克里姆林宫内建筑的大门

图4-5-12　克里姆林宫室内

167

二、圣彼得堡历史中心区及建筑

圣彼得堡位于俄罗斯涅瓦河入海口的三角洲地带。1703 年彼得大帝御驾亲征,从瑞典人手里夺得涅瓦河三角洲地带,为俄罗斯取得了又一处出海口,然后在此建造了以他的名字命名的城市,并成了世界上最美的城市之一。1712 年,彼得大帝将首都由莫斯科迁往圣彼得堡,此后的 200 多年间,几代沙皇在城内和城郊建起一座座闻名于世的皇宫和行宫。

圣彼得堡这座拥有众多河道和 400 多座桥梁的"北方的威尼斯",在苏联时期被称作列宁格勒,俄国的十月革命从这里开始。

圣彼得堡是俄罗斯近代文明的摇篮,是世界上古典建筑保存、利用最好的城市之一。市内的古典建筑群体密集,各具特色,建筑和雕塑融合了巴洛克和新古典主义风格,体现了欧洲不同时代的建筑艺术风格,反映出俄罗斯杰出的文化个性,是人类共同的宝贵财富。(图 4-5-13 至图 4-5-16)

图 4-5-13　圣彼得堡尖塔

图 4-5-14　圣彼得堡复活教堂

第四章　欧美各国的建筑风格（13—19世纪）

图4-5-15　圣彼得堡圣艾萨克教堂

图4-5-16　圣彼得堡郊外教堂

第六节　美国的古典复兴建筑

美国是多民族的移民国家，自从在"五月花"号船上起草独立宣言以来，一直实行宪法治国的大政方针，坚持自由民主的政治制度。

美国的建国历史不长，所建造的国家重要建筑大多为欧洲古典复兴建筑，其建筑形式也主要为古代希腊和文艺复兴风格的建筑（图4-6-1、图4-6-2）。

图4-6-1　美国海关大楼

图4-6-2　美国联邦最高法院大楼

美国国会大厦和白宫位于华盛顿的国会山上，是美国的标志性建筑，被认为是美国的政治中心。国会大厦的建造始于1793年，完成于1800年，然后在1814年英美战争期间遭到损毁。战后重建后，又经过多次扩建，最终形成了现在的格局。这座建筑全长233米，由3层组成，主要采用白色大理石建造。中央顶楼上矗立着一个出镜率极高的3层大穹顶，穹顶之上是一尊高6米的自由女神青铜雕像。大圆顶两侧的南北翼楼分别为众议院和参议院。众议院的会议厅是美国总统宣读年度国情咨文的地方，整体建筑仿照巴黎的万神庙，力求展现雄伟和纪念性，是古典复兴风格建筑的代表之一。（图4-6-3至图4-6-7）

第四章 欧美各国的建筑风格（13—19世纪）

图 4-6-3　美国白宫

图 4-6-4　美国国会广场

图 4-6-5　美国国会大厦环廊

171

图4-6-6　美国国会大厦门厅

图4-6-7　美国国会大厦穹顶

第五章

伊斯兰国家和地区的建筑风格

伊斯兰国家和地区的历史进程和文化背景呈现出多样性和复杂性,建筑发展不均衡,宫廷建筑仍然在整体建筑中发挥着关键作用。与之相对,宗教建筑常被视为政治权力的象征。与亚洲封建社会相比,欧洲中世纪表现出明显的不同。欧洲呈分裂状态,而亚洲多地曾建立起强大的中央集权的帝国,宫廷文化对整体建筑产生了更为深远的影响。伊斯兰国家和地区在欧洲受到教会的统治,而在亚洲也一直由宗教势力主导。在城市发展差异方面,欧洲的城市建立了独立政权,市民文化繁荣兴旺;相反,亚洲城市的市民文化相对较弱,未形成独立的政治势力。在建筑风格方面,伊斯兰国家和地区独具特色的建筑在艺术上具有很高水平,为全球建筑文化贡献了独特的篇章。这些不同的建筑传统在历史长河中熠熠生辉,丰富了世界建筑文化的宝库。

第一节　西亚及两河流域早期的清真寺建筑

阿拉伯帝国在 7 世纪中期至 8 世纪初实力达到巅峰,其疆域覆盖了叙利亚、巴勒斯坦、两河流域、埃及、伊朗、阿塞拜疆以及比利牛斯半岛等广阔地区。

从 660 年至 1258 年,阿拉伯国家成为一个统一的宗教王朝,阿拉伯帝国统治的区域包括西亚、中亚、东南亚、北非、南非,以及南欧等地。然而,随着时间推移,9 世纪初至 16 世纪,阿拉伯国家逐渐开始解体。此区域形成伊斯兰建筑风格的主要因素可以归纳为以下两点。

一、宗教和地理原因

伊斯兰建筑风格的形成受到宗教和地理环境的共同影响。早期伊斯兰社会处于封建社会的初期,其教规涉及各个方面,对建筑有着严格的规范。地理环境的共通性也在建筑形成风格上起到了作用。

二、共同的艺术特点

伊斯兰建筑共享一些艺术特点，包括广泛使用各式拱券和穹顶、对建筑室内和室外的丰富装饰，以及运用色彩的斑斓。特别是在伊朗和印度等地，伊斯兰建筑风格变得成熟、形式完美，并具有强烈的代表性。

阿拉伯作为游牧民族，在建筑形式上吸收了邻近国家的建筑特色。在这一过程中，阿拉伯充分利用了当地原有的建筑形式，将诸如巴西利卡式基督教堂等改造为伊斯兰清真寺，为早期伊斯兰建筑文明的形成做出了重要贡献。早期伊斯兰清真寺的建筑形制受到圣地麦加在叙利亚之南的影响，由此产生了欧洲各国建筑广泛使用巴西利卡形式的现象。这些建筑通常具有宽敞的大殿，东西向有柱列，南北向有梁架，屋顶两侧倾斜，圣龛通常位于南面。这一建筑形制体现了伊斯兰建筑早期阶段的发展和演变。

大殿前设宽敞的庭院，其余三面环绕着回廊，庭院内常设有洗礼池或洗礼堂。这些洗礼堂通常是采用穹顶覆盖的集中式建筑风格。圣岩清真寺位于伊斯兰教的第三圣城耶路撒冷，于公元705年建成，多次遭到破坏后不断重建，最终增加了伊斯兰特色的大穹顶，故也称为"圣岩金顶清真寺"。鎏金的穹顶在阳光的照耀下显得更加庄重。礼拜大殿长90米，高88米，宽36米，由49根大理石方柱，擎撑着屋顶。建筑整体高大宏伟、气势壮观，为伊斯兰教圣地。（图5-1-1、图5-1-2）

图5-1-1　耶路撒冷圣岩清真寺

图5-1-2　耶路撒冷圣岩清真寺室内

埃及的伊本·图伦清真寺（图5-1-3、图5-1-4），建筑外周为边长162米的正方形，中庭为边长92米的正方形，院落中央设有覆盖穹顶的洗礼堂。礼拜大厅由5道拱廊形成，其余三个方向由两道拱廊围绕。拱廊的开洞部分的跨度为4.6米，砖砌柱墩截面尺寸为2.46米×1.27米，柱墩四角设有大理石柱。清真寺的三面外廊（除礼拜堂方向）均设有狭长的外院。建筑的北边设有螺旋楼梯的光塔。伊本·图伦清真寺以及其他清真寺建筑形制，反映了中世纪埃及伊斯兰建筑艺术的发展成就。

图5-1-3　埃及伊本·图伦清真寺1　　　图5-1-4　埃及伊本·图伦清真寺2

第二节 伊斯兰的清真寺建筑

一、伊斯兰清真寺建筑中的塔

伊斯兰清真寺在庭院的一侧建有塔楼,塔顶上则建有亭子,用于召集信徒集会以及方便阿訇(波斯语,意为老师或学者)进行教学。这些塔楼的建筑风格通常简洁而充满变化,既表现出稳重雄浑的特点,又呈现出一种设计的动感。

二、伊斯兰建筑的装饰特色

伊斯兰建筑有着独特的建筑形制、多样化的穹顶、色彩斑斓的图案装饰。

拱券和穹顶呈现多样的风格,包括马蹄拱、半圆拱、梅花拱、火焰拱、海扇拱、花瓣拱、三叶草拱、双圆心尖拱、双层或多层叠拱等多种拱式。此外,穹顶的形式也多种多样,包括半圆形、球冠形、火焰形、毡帽形、球形等。(图5-2-1至图5-2-6)

图5-2-1 麦地那圣寺室内

图5-2-2　伊拉克萨莫拉清真寺螺旋塔

图5-2-3　埃及阿扎清真寺的塔

图5-2-4　西班牙哥多瓦大清真寺室内

第五章 伊斯兰国家和地区的建筑风格

图 5-2-5　券柱和钟乳体细部　　图 5-2-6　伊斯兰建筑室内

　　建筑的室内和室外满铺装饰,装饰色彩斑斓,绚丽多彩,用几何形或程式化植物及《古兰经》语录做装饰题材,不使用人物或动物图案做装饰(土耳其除外)。(图 5-2-7 至图 5-2-15)

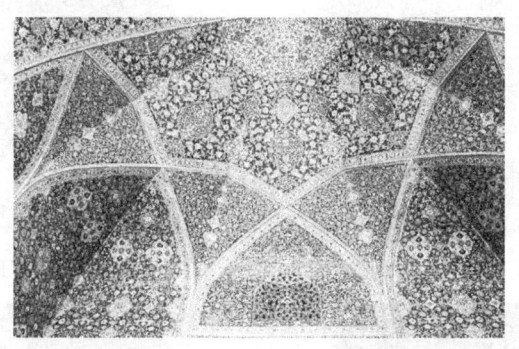

图 5-2-7　色彩斑斓的装饰图案

图 5-2-8　装饰细部 1　　　　图 5-2-9　装饰细部 2

图 5-2-10 装饰细部 3

图 5-2-11 穹顶细部 1

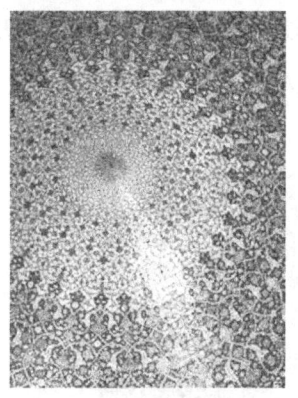

图 5-2-12 穹顶细部 2

图 5-2-13 穹顶藻井图案

图 5-2-14 宫殿内院

图 5-2-15 顶棚细部

三、伊斯兰的世俗建筑

伊斯兰的世俗建筑包括建筑水平极高、种类繁多的宫殿、馆驿、商场和居住区等。早期的宫殿建筑平面通常呈正方形,风格朴实,采用合院形式,周围设有柱廊,中心为回形平面,有一座中央大殿。这些宫殿早期规模较小,晚期则逐渐发展成规模宏大、装饰华丽、工艺精湛的建筑。

城市街道和商场通常呈曲折迂回的形状,建筑物常设屋顶,并覆以穹顶。街道商场内通常密布小店,设有路口商场和中央穹顶,周围有环廊,外墙设有凹龛(较早的室内商业街)。宽大的馆驿院落主要用于安置驮畜,建筑周围设有券廊,并且围墙上矗立有碉楼。

第三节 中亚国家和伊朗的建筑

一、纪念性建筑

中亚国家和伊朗的伊斯兰建筑独具特色,与亚洲封建社会其他地区建筑形式有显著差异。这些建筑受到陵墓建筑的深刻影响,以壮丽的集中式、纪念性建筑为代表。这种建筑形制最初首次应用于陵墓,而陵墓建筑则以其艺术形象的主要特征——穹顶为标志。(图 5-3-1)

图 5-3-1 伊斯法罕皇家广场

中亚和伊朗的陵墓建筑注重垂直轴线，呈现出简洁稳定的体形。大型陵墓在正立面的墙角通常设置有圆形或八角形的高塔，还常有伊旺、钟乳体和穹顶等装饰元素。

伊旺（图5-3-2、图5-3-3）是指建筑正面中段檐部抬升，并配有通高的凹龛。钟乳体常被雕刻在凹龛内部，而该凹龛的上方形成了拱顶，深入的部分则是门洞。钟乳体是一种装饰，其特征是在拱顶的锯齿形牙子上刻有凹坑。穹顶呈四圆心状或火焰状，砌在高高的鼓座上。（图5-3-4）

图5-3-2　伊斯兰建筑的伊旺1　　图5-3-3　伊斯兰建筑的伊旺2

图5-3-4　穹顶图案及钟乳体装饰

穹顶的鼓座上砌有四圆心状或火焰状的钟乳体，代表性作品包括帖木儿墓（位于撒马尔罕）（图5-3-5）和位于阿塞拜疆的卡拉巴格。

图 5 - 3 - 5　撒马尔罕的帖木儿墓

二、清真寺建筑

伊斯兰清真寺是中亚和伊朗最显著的纪念性建筑之一。清真寺的建筑形式受到陵墓建筑的影响。可以分为以下两种基本形制。

第一种形制,建筑群四周围合,中央有开阔的庭院。大殿为南北方向,面宽大,进深小,东西两侧列有柱子,形成连续的拱顶结构。寺前设有宽敞的庭院,其余三面围绕着廊道,庭院内通常设有洗礼池或洗礼堂。如礼拜五清真寺(图 5 - 3 - 6)和伊斯法罕皇家清真寺(图 5 - 3 - 7)。

图 5 - 3 - 6　礼拜五清真寺

图5-3-7　伊斯法罕皇家清真寺

第二种形制,建筑布局集中,平面呈正方形,每个房间都覆盖有穹顶,构成方格形柱网。这种形制的典型代表是比比-哈内姆清真寺。

这两种形制展示了伊斯兰清真寺在中亚国家和伊朗地区的多样性,反映了其在建筑上的创新和独特性。

第四节　印度的伊斯兰建筑

印度是世界四大文明古国之一,其建筑文化源远流长。在印度有多种宗教和派别,如佛教、婆罗门教、耆那教、印度教、伊斯兰教等,这些宗教深刻影响了印度的建筑,留下了丰富多彩的建筑形式。

印度的伊斯兰建筑受中亚和伊朗伊斯兰建筑的影响,采用陵墓建筑的集中式建筑形制,用红砂石建造,采用传统雕塑,同时还具有印度建筑的传统特点。印度早期的伊斯兰建筑代表有库特勃记功塔(1199—1230年)(图5-4-1),全盛时期的代表作有泰姬陵(图5-4-2),建于1632—1647年。

第五章　伊斯兰国家和地区的建筑风格

图5-4-1　库特勃记功塔

图5-4-2　泰姬陵

泰姬陵是印度著名的古迹之一，是伊斯兰教建筑的重要代表作，具有极高的艺术价值。泰姬陵由陵堂、尖塔、平台、水池等构成，全部选用纯白色大理石建造、细部镶嵌彩色大理石图案，绚丽夺目，美轮美奂。（图5-4-3、图5-4-4）

图5-4-3　泰姬陵顶部

图5-4-4　泰姬陵室内

185

泰姬陵取得了建筑群体的完美布局、对立统一的构图规律、肃穆明朗的建筑形象三大建筑成就,被称为伊斯兰世界的艺术结晶,是世界上最美丽的建筑之一。(图5-4-5)

图5-4-5　泰姬陵立面、平面分析图

第五节　土耳其的清真寺建筑

土耳其的清真寺建筑继承了拜占庭建筑的卓越传统,展现出独特的艺术风格。土耳其清真寺采用了集中式的空间布局,不设院落,光塔高而细,呈锥体状。这与其他地区的清真寺在空间结构上有所不同。在装饰方面,土耳其清真寺常使用平雕石刻图案,用蓝色琉璃砖和彩色玻璃装饰。

一、苏莱曼清真寺

该寺是一座典型的土耳其式清真寺,呈长方形。礼拜殿由前厅、正厅、侧厅组成，用 3 个大跨度的拱顶连为一体，富丽堂皇，色彩和谐。殿上正中覆盖着大圆顶，直径 31 米，由 4 根方柱支撑的 4 个人字形的拱门承托。大圆顶的四面连着很多半圆小屋顶，这些小圆顶建在大殿的四角上。清真寺内部首次使用了红色的依兹尼克瓦片。清真寺的窗户使用 130 种不同颜色的玻璃，拼成绝妙的图案，光线透过罗盘墙射入。清真寺的内院由四座叫拜楼环绕，其中朝向清真寺的两座比较高。（图 5-5-1）

图 5-5-1　苏莱曼清真寺

二、蓝色清真寺

蓝色清真寺始建于 1609 年，1616 年建成，是伊斯坦布尔最重要的标志性建筑之一。（图 5-5-2、图 5-5-3）蓝色清真寺墙壁自高度的 1/3 以上雕刻着丰富的花纹和图案，采用了以白色为底的蓝彩釉贴瓷，使整个清真寺内充满了蓝色的艺术氛围。蓝色清真寺在建造时未使用一根铁钉，建筑结构严谨，外观造型独特，其大穹顶直径达 27.5 米，另设有 4 个较小穹顶，6 个高 43 米的光塔，分 3 排对称地耸立于长方形寺院的四角和中部。主殿上是层次分明、大小不一的大穹顶，后院则是大小和形状都一样的小穹顶。内庭里面用粉红砾石、大理石或斑岩建造的大石柱，石柱之间以拱券相连接，拱券设 30 小穹顶，以此形成了开阔的室内空间。

图5-5-2　伊斯坦布尔蓝色清真寺

图5-5-3　蓝色清真寺室内

第六章

古代中国的建筑艺术

由于中国幅员辽阔,各地气候、人文和地质条件各异,因而形成了多种独特的建筑风格,尤其是民居的形式更为丰富多样。在南方,人们喜欢采用干阑式建筑;在西北,窑洞建筑盛行;游牧民族则偏爱搭建毡包;北方则以四合院建筑为代表,展现了各地独具特色的建筑传统。

第一节　中国木构建筑的特点

古代中国建筑主要用木构架,形成弹性的框架结构,采用了抬梁、穿斗、井干等方式。抬梁是在柱上架设梁,在梁上又抬梁,常见于宫殿、坛庙、寺院等大型建筑。穿斗式则利用穿枋将一排排柱子连接起来形成排架,再通过枋连接而成。这种结构主要用于民居和较小的建筑物。井干式结构是由木材交叉堆叠而成,由于其形成的空间类似井,因此得名"井干式"。这种结构较为原始简单,如今除少数森林地区外已鲜见应用。

木构架结构具有多重优点。第一,它分工明确,木构架支撑屋顶,外墙遮挡阳光,隔热防寒,内墙用于划分室内空间。由于墙壁不承重,建筑更加灵活。第二,木构架结构有利于防震和抗震,类似现在的框架结构,木材的特性让斗拱和卯具有伸缩余地,减轻了地震带来的危害,"墙倒屋不塌"[①]生动地表达了这种结构的特点。

一、抬梁式构架

抬梁式构架(图6-1-1)又称叠梁式构架,在春秋时代已经初步完备,这种木构架形式是中国古代建筑中最为普遍的一种。其主要特点在于,在柱顶或柱网上铺设水平层,随着房屋进深方向,架设多层逐渐缩短的梁。在每一层之间,垫上短柱或木块,而最上层的梁中央则竖立小柱或三角支撑,从而形成了三

[①] 李林.梁思成建筑艺术思想研究[D].东北师范大学,2021:57-58.

角形的屋架结构。在相邻屋架之间,各层梁的两端以及最上层梁中央的小柱上会设檩,在檩上架设椽,从而形成了双坡顶房屋顶部的框架。屋面的重量通过椽、檩、梁、柱传递到基础上。这种结构设计使得建筑物具有良好的稳定性和承重能力。

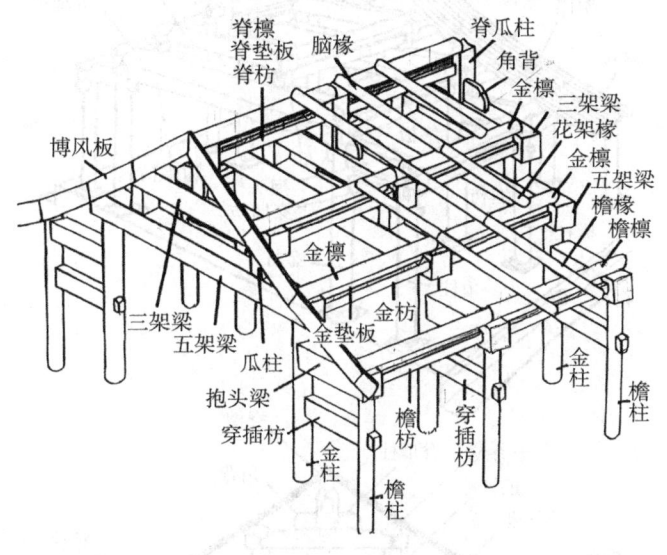

图6-1-1　抬梁式构架

这一建筑形式是从底层向上逐渐缩短、逐层加高,直至最上层梁上竖立脊瓜柱。这种建筑方法不仅在结构上实现了逐层变化,还通过瓜柱和梁的叠加,使得整个构架在上升的过程中形成了稳定的结构。这一组织形式不仅赋予建筑物良好的稳定性,同时也呈现了一种有序而独特的建筑美感。

二、穿斗式构架形式

穿斗式又称立贴式(图6-1-2),是我国古代三大构架结构形式之一。这种木构架的特点是沿着建筑物的进深方向,按照檩的数量竖立一排柱,每根柱子上设檩,而檩上设椽,使得屋面的荷载能够直接由檩传递至柱,形成了一组木品构架。而每两组构架之间,则利用斗枋相连,形成了整个房间的空间构架。这种结构设计既实现了横向的稳定性,又通过斗枋的连接形成了纵向的支撑,使得整个木构架既具有坚固的结构,又展现了一种独特的建筑美感。斗枋用在檐柱柱头之间,形如抬梁构架中的阑额,多用于民居和较小的建筑物。

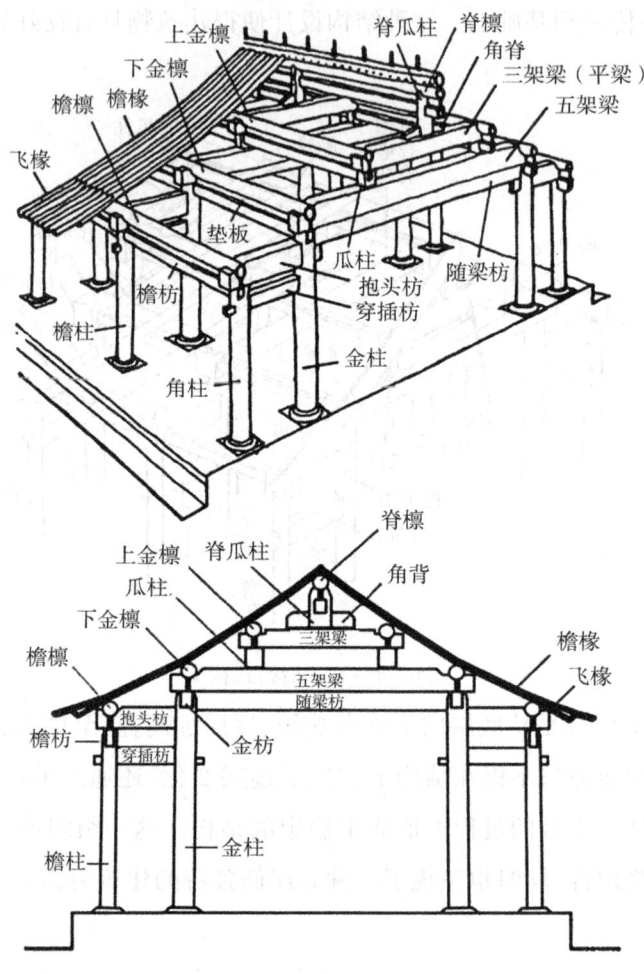

图6-1-2 穿斗式构架

穿斗式构架节省材料,先在地面上拼装成屋架,再竖立,施工简便经济。同时,密列的立柱也便于安装壁板和筑夹泥墙。我国长江中下游各省尚有众多明清时穿斗式构架的民居。在需要较大空间建筑的地方,可以将穿斗式构架和抬梁式构架结合使用,山墙部分采用穿斗式构架,而房间内则使用抬梁式构架。

三、正式建筑的屋顶

(一) 硬山顶

硬山式屋顶由一条正脊和四条垂脊组合而成。(图6-1-3、图6-1-4) 此屋顶造型具有质朴的特点,为两坡屋顶,屋顶在山墙墙头处与山墙齐平,并没有挑檐,山面裸露无变化。明清时期及以后,硬山式屋顶广泛地应用于我国南北方的住宅建筑中。它是种较低等级的屋顶形式,在皇家建筑和一些大型寺庙建筑中,几乎都没有采用硬山式屋顶。而正因为它等级较低,屋面都是用青瓦,所以民间使用广泛。传统社会等级分明,平民百姓不能用瓦筒,更不能用琉璃瓦。

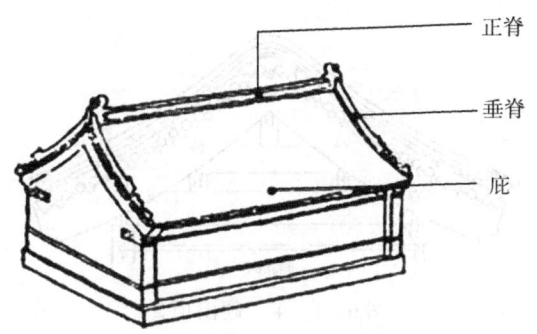

图6-1-3 硬山顶1

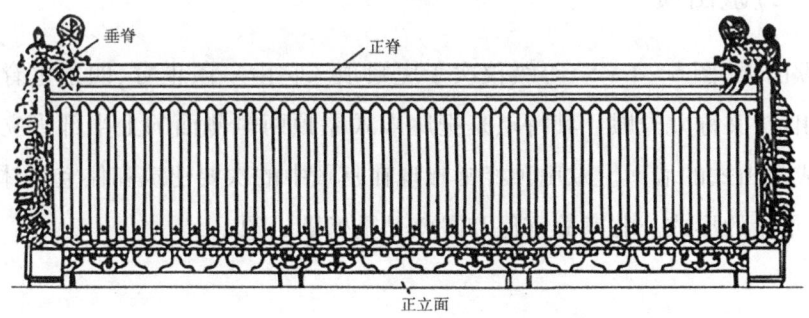

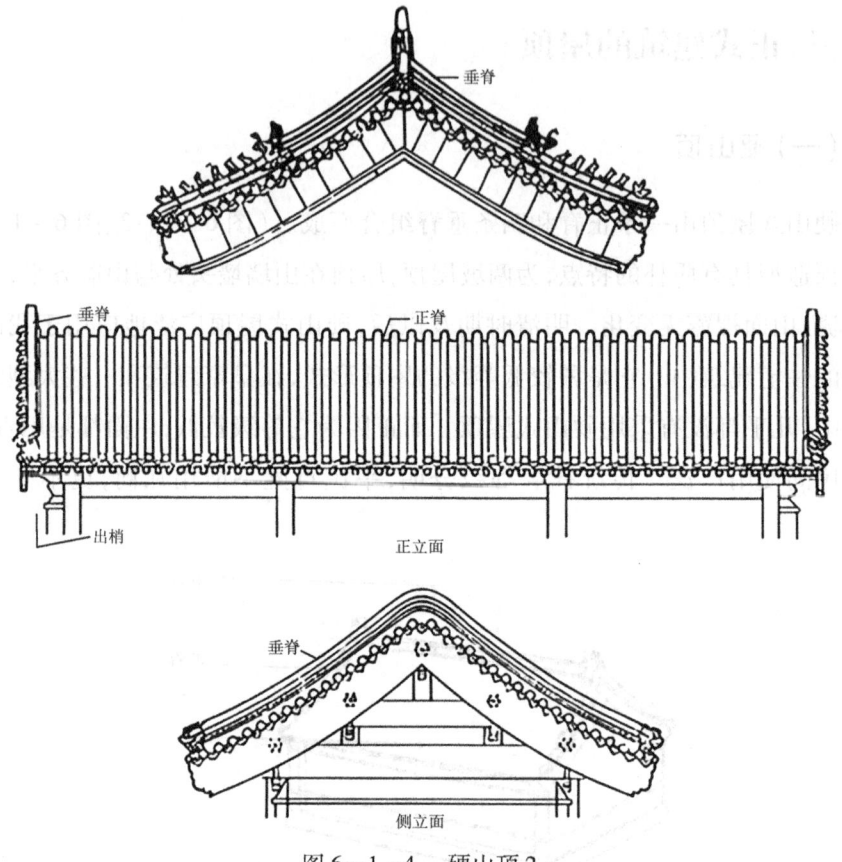

图 6-1-4 硬山顶 2

(二)歇山顶

歇山顶(图 6-1-5)等级仅次于庑殿顶。它由一条正脊、四条垂脊、四条戗脊组成,又称九脊殿。其特点是把庑殿式屋顶两侧侧面的上半部直立起来,构筑成悬山式的墙面。歇山顶经常出现在宫殿中的次要建筑和住宅园林里,有单檐、重檐的形式。北京故宫保和殿就是重檐歇山顶。

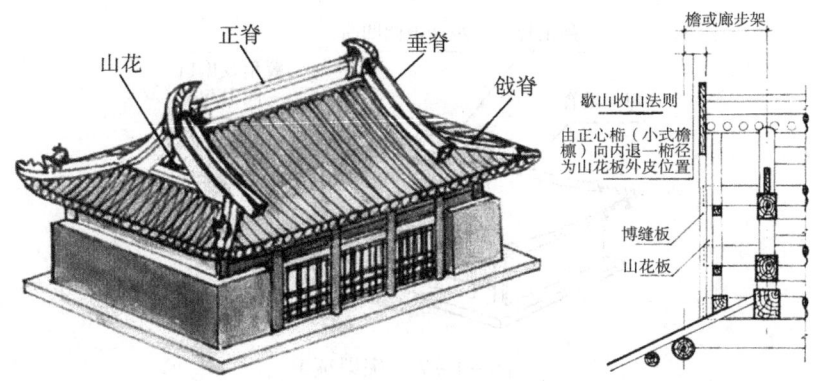

图 6-1-5 歇山顶

（三）悬山顶

悬山顶（图 6-1-6）为双坡屋顶，它的等级仅次于庑殿顶和歇山顶。悬山顶是民居建筑中较多采用的一种建筑形式。其特点是屋面上有一条正脊和四条斜脊，有挑檐，所以又被称为"挑山"或"出山"。

图 6-1-6 悬山顶

（四）庑殿顶

庑殿式屋顶是四面斜坡（图 6-1-7、图 6-1-8），有一条正脊和四条斜脊，四个曲面，又称"四阿顶"。重檐庑殿顶是古代建筑中最高级的一种屋顶样式，常常用于皇宫，或庙宇中最主要的大殿，可用单檐，十分隆重的就用重檐，北京的太和殿就是重檐庑殿顶。

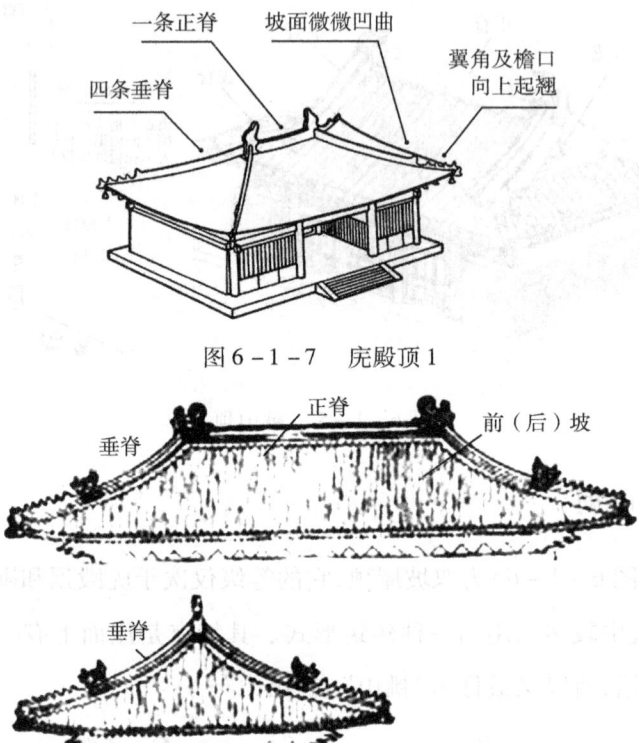

图6-1-7　庑殿顶1

图6-1-8　庑殿顶2

（五）卷棚屋面

卷棚屋面是汉族建筑的一种屋顶样式（图6-1-9）。双坡屋顶的设计中，两坡相交处不设置大脊，而是由瓦垄直接卷过屋面，形成弧形的曲面。它的整体外貌与硬山顶、悬山顶一样，唯一的区别是无明显正脊，屋面前坡与脊部呈弧形滚向后坡，颇具一种曲线所独有的阴柔之美。

图6-1-9　卷棚顶

四、杂式建筑的屋顶（图6-1-10）

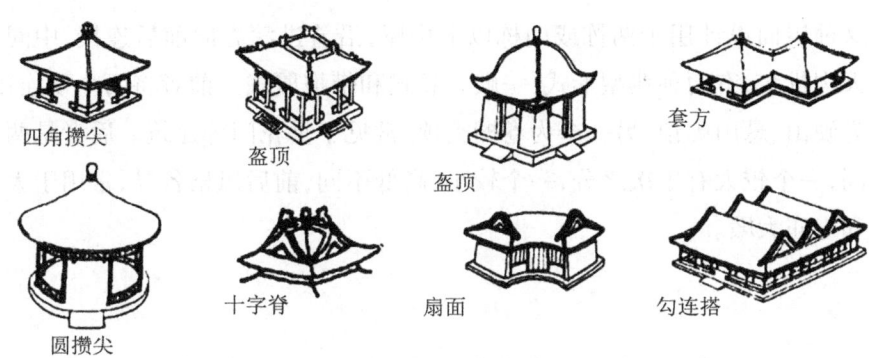

图6-1-10　杂式屋顶

（一）攒尖顶

攒尖式屋顶仅有垂脊，而无正脊，垂脊的数量根据建筑需要确定，例如三条脊、四条脊、六条脊、八条脊。攒尖顶的类别有以下几种：三角攒尖顶、四角攒尖顶、六角攒尖顶、八角攒尖顶等。另外，还有一种没有垂脊的圆形的屋顶。

（二）盝顶

盝顶是古代汉族建筑的一种屋顶样式，其独特之处在于没有正脊，而是各垂脊交会于屋顶正中，即宝顶。与攒尖顶相比，盝顶的斜坡和垂脊上半部向外凸，下半部向内凹，形状如弓，呈现头盔状的外观。盝顶主要用于碑、亭等礼仪性建筑，突显其庄重而独特的设计风格。

（三）扇面顶

扇面顶是一种独特别致的屋顶形式，其特征是屋顶平面看起来像扇面，呈半弧形，一般情况下前檐较短而后檐较长。两山墙的墙线向内延伸，最终交于一点，形成扇形的圆心。这种屋顶形式常常用于小型建筑，在园林中作为辅助建筑经常出现，呈现出精巧可爱的外观形式。

(四)勾连搭

这种屋面设计用于两栋或两栋以上房屋,沿着进深方向前后连接,中间有水平天沟排水,有两种典型形式:一殿一卷式和带抱厦式。前者将两个顶连接,一个为硬山、悬山类顶,另一个为卷棚类顶,常见于垂花门等建筑。后者是两个顶不同,一个较大有主次之分,一个较小,高低不同,前后风格各异,常用于大型宅第和寺庙大殿。

第二节 中国的传统民居建筑

一、北京四合院

北京四合院住宅(图6-2-1)的建造主要集中在封建社会晚期。这种建筑风格既满足了人们的基本生活需求,包括衣食住行,也满足了人们对友谊、同情、理解、信任等社交需求的期望。居住实践表明,四合院的居住环境有助于形成凝聚力和和谐气氛,同时带来安全感、稳定感以及对社区的归属感和亲切感。这种建筑形式在社会交往和人际关系方面发挥了积极作用。

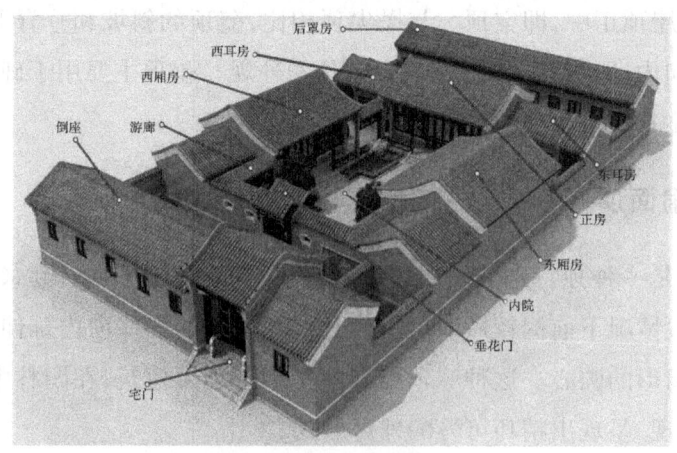

图6-2-1 北京四合院

(一)四合院大门及倒座

首先,大门在旧社会象征着主人的地位。王府大门是最高规格的,其次是广亮大门、如意门等。进入大门后,首先是第一道院子,会布置一排房屋——倒座,通常为宾客居住或者作为杂间使用。然后向前,穿过第二道门——垂花门,步入正院。垂花门是四合院中装饰最华丽的大门,彰显着主人的社会地位。

(二)四合院正房及厢房

四合院的正房跨度较大,坐北朝南,是家中主人的居所。(图6-2-2)正房的中间那间被称为堂屋或中堂,两侧分别为东西厢房。正房的特点是在冬季,太阳可以照射进来,使得屋内温暖,而在夏季则相对凉爽。正房中通常设置一张八仙桌,设有中规中矩的椅子,墙上挂着画作、条幅。东西厢房是子孙们的居住空间,一般为三间。东厢房象征着尊贵,而西厢房则较为普通,东厢房通常是长子和长媳的住所。因此,在四合院的设计上,东西厢房的高度存在微小的差异,东厢房稍高于西厢房。不过这种高度差异微不足道,很难用肉眼察觉。

图6-2-2　北京四合院正房

(三)北京四合院的意义

家长制度的反映:四合院建筑反映了封建社会的家长制度,大家庭成员集中聚居,但各自的住所相对独立,呈现了家庭内部的分层结构和家族关系。

空间等级分区和伦理秩序:通过建筑的空间等级分区,四合院划分了人群的等级,展示了道德伦理的秩序。建筑体现了尊卑有序、贵贱有分、男女有别、长幼有序等封建社会的伦理观念,凸显了社会的等级制度和家族内的秩序。

生态环境的重视:这一特征表现在四合院的设计中,兼顾了生态环境的重要性。建筑结构有助于自然采光和通风,使居住者更好地适应季节变化,符合封建社会对于人居环境的特殊需求。

二、晋陕窄院

晋陕窄院主要分布于山西晋中和陕西关中地区,以窄长形的内院为主要特征,其平面布局同样以"一正两厢"①为基本形制。我们熟悉的"乔家大院"就是典型的晋陕窄院。窄院建筑形成的原因有很多种。

为了遮阳避暑,这些地区夏季很热,窄院这种设计能让内庭在阴影中,并为东西厢房和正房提供遮挡,创造凉爽环境。

为了防止风沙,将两厢靠拢,互相遮挡,以掩护正房,从而避免正厢房和庭院受到风沙的直接吹袭。

紧缩占地,晋中南和关中地区商品经济相对活跃,该地区的城镇宅院沿街布置,因此自然就形成了窄门面,大进深的建筑空间形式。

晋陕窄院的平面布局以"一正两厢"为基本形制,即坐北朝南的正房和东西两厢房。可配上倒座,大门,形成单进院平面;可加上垂花门、过厅、外厢,组成纵深串联的二进院、三进院;可并联侧院,组成主院和跨院的横向组合;还可以通过内外院的串联和院与院的并联,构成纵横交织的大宅。(图6-2-3、图6-2-4)

---

① 李林.梁思成建筑艺术思想研究[D].东北师范大学,2021:76-77.

第六章 古代中国的建筑艺术

图6-2-3 晋陕窄院1

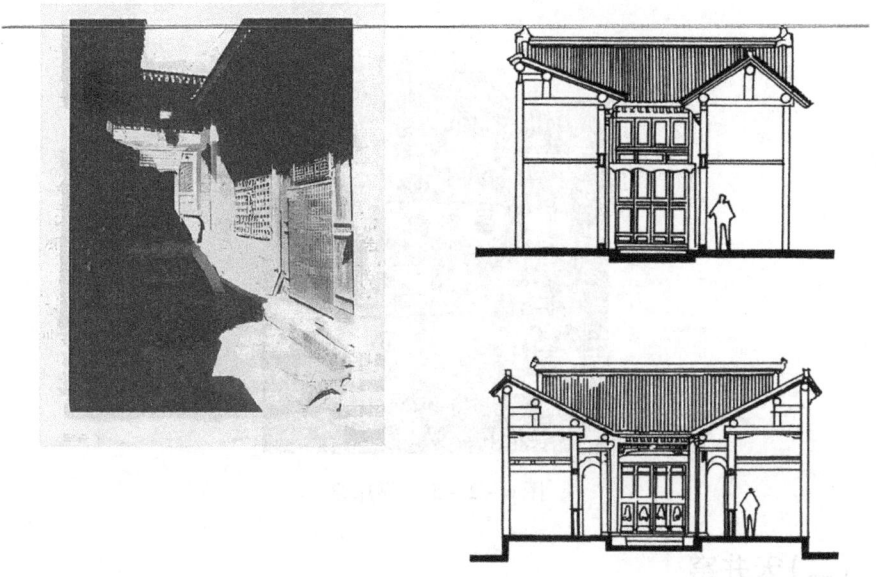

图6-2-4 晋陕窄院2

三、西北窑洞

窑洞是我国西北黄土高原地区及其周边区域的传统民居形态,人们利用高原有利的地形,凿洞而居,创造了被称为"绿色建筑"的窑洞。窑洞是黄土高原的产物、陕北人民的象征,它沉积了古老的黄土高原的传统文化。窑洞真实质朴，没有多余的装饰，符合绿色建筑的观念，对现代建筑也产生了远大影响。在当前，窑洞建筑日趋减少，如何继承并发展这些窑洞建筑显得尤为重要。

（一）靠崖窑

靠崖窑（图6-2-5）是窑洞中最普遍的建筑形式，是一种常见于山区和丘陵地带的窑洞，通常是通过在自然形成的土崖上挖掘而成。这种建筑形式充分利用了黄土高原厚厚的黄土层，依托山脚、沟边等地形，挖掘成洞状，内部抹上黄泥，安装门窗后即可用作居住空间。在有条件的情况下，还会在洞外用砖砌上一层，称为"夹壳"。靠崖窑常呈曲线或折线形排列，达到和谐美观的建筑艺术效果。

图6-2-5　靠崖窑

（二）天井窑

天井窑（图6-2-6）也称地坑院，是中国古代人民穴居方式的遗留，距今已有4000多年的历史，被中国北方人民称为"地下四合院"[①]。目前，在我国北方，仍然有100多个这样的地下村落。天井窑窑洞都在平原大坳上修建，先在平地挖一个长方形的大坑，将坑内四面削成崖面，然后在四面崖上挖窑洞，形成

[①] 吴良镛.从"有机更新"走向新的"有机秩序"：北京旧城居住区整治途径（二）[J].建筑学报，1991（2）：7-13.

一个四合院,并在一边修一个长坡道作为人行道。

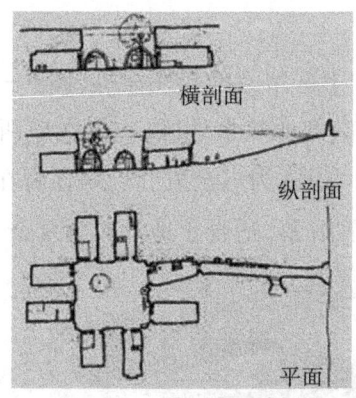

图6-2-6 天井窑

(三) 覆土窑

覆土窑(图6-2-7)是一种掩土的拱形房屋,不是挖掘原土成洞,而是用土坯、砖石砌出拱形洞屋,然后再覆土掩盖,分为土基窟洞和砖石窑洞。砖石窑洞可以四面临空,灵活布置,还可以造窑上窑或窑上房。这种窑洞不需要靠山依崖,能自身独立,又不会失去窑洞的优点,可以是单层,也可建成楼。覆土窑结构面积往往等同甚至大于使用面积,占地也偏大,因此过去主要建于地广人稀的地带。

图6-2-7 覆土窑

四、西南干阑

干阑是中国古代一种下部架空的居住建筑（图6-2-8），主要分布在气候炎热、潮湿多雨的中国西南部亚热带地区，主要在广西、海南岛、台湾、贵州、云南等地。这类民居规模小，通常为三至五间。居住者在同一栋房子内解决日常生活和生产活动，没有布置院落，适合于地形较为复杂多变的地区。

图6-2-8 干阑建筑

以云南傣族住宅为例。云南瑞丽盛产竹，民居多为竹楼。竹楼上下设置主辅楼梯。主楼位于屋前廊侧，上面有披屋避雨，下面有脱鞋的平台。竹楼出檐较深远，但无重檐。窗的面积较小，立樘低，适于席地坐卧的生活方式。民居很少装修，但善于利用材料本身特点，巧以加工，如用作外墙的编花竹席，利用竹材正面和反面的色泽不同，编制各种不同纹样，楼上外墙编得细致，楼下竹席编得粗糙。建筑以廊、展及挑台组成淳朴自然、活泼多趣的外观。民居一般以竹篱围成院落，院内种植香蕉、木瓜、椰子和槟榔等果树，绿树成荫，一片亚热带风光。西双版纳地区的民居，则为木构架歇山顶，屋面盖小平瓦或草排，屋面较陡，并分两折，出檐深远，设有重檐。

五、客家民居建筑

（一）围垅屋

客家民居建筑在不同历史时期和地区呈现出多样的风格和形式，如圆寨、

围垅屋、走马楼、四角楼等。其中,最具代表性的是围垅屋。(图6-2-9、图6-2-10)

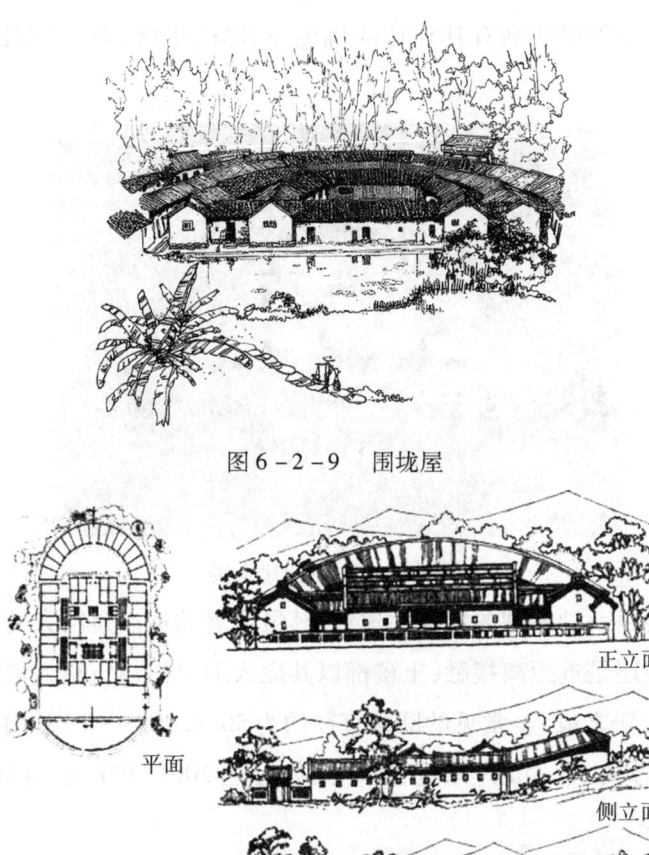

图6-2-9 围垅屋

图6-2-10 围垅屋立面图

围垅屋是一种典型的客家民居建筑,具有浓厚的中原特色,它与北京的四合院、陕西的窑洞、广西的干阑式一同被认为是我国最具乡土风情的建筑。历史学家考察发现,这种民宅建筑与中原地区贵族大院的屋型非常相似,表明它们在某种程度上有着共同的历史渊源。

(二)福建土楼

福建土楼(图6-2-11)也称福建圆楼,主要分布在福建省的龙岩市,如永定客家土楼坐落在福建省龙岩市永定区内。客家土楼是一种集体建筑,其墙体主要采用土坯建造。土楼的形状多样,包括圆形、半圆形、方形、四角形、五角形、交椅形等,每种形状都有其独特的特色,圆形的土楼(称为圆楼或圆寨)最为引人注目。

图6-2-11　福建土楼

客家土楼是一种典型的集体性建筑,其最显著的特点是巨大的体积。不论是从远处观望还是近距离接触,土楼都以其庞大的单体建筑给人留下了深刻印象,被誉为"民居之最"。常见的圆楼直径约为50米,高3—4层,内部拥有百余间住房,足以容纳30—40户家庭,居住人数可达200—300人。(图6-2-12至图6-2-18)

图6-2-12　客家土楼

第六章　古代中国的建筑艺术

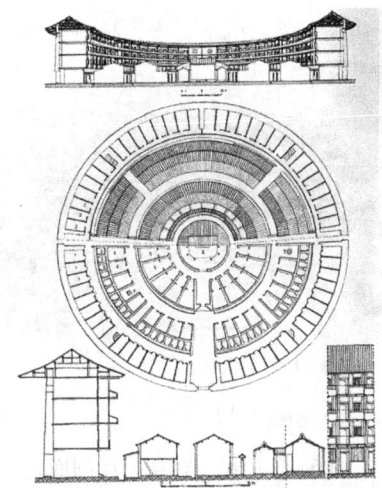

图 6-2-13　客家土楼平面图 1

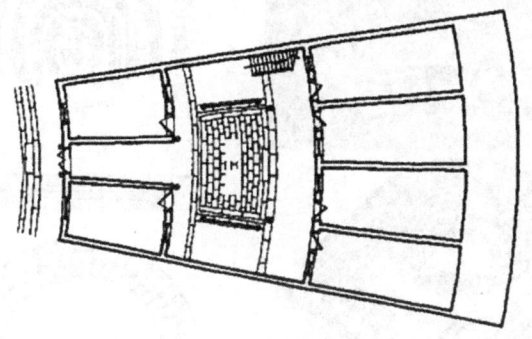

图 6-2-14　客家土楼平面图 2

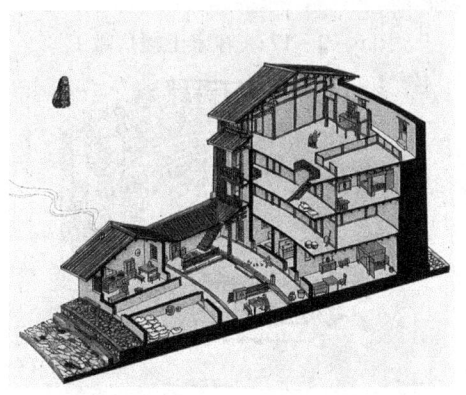

图 6-2-15　客家土楼立体图

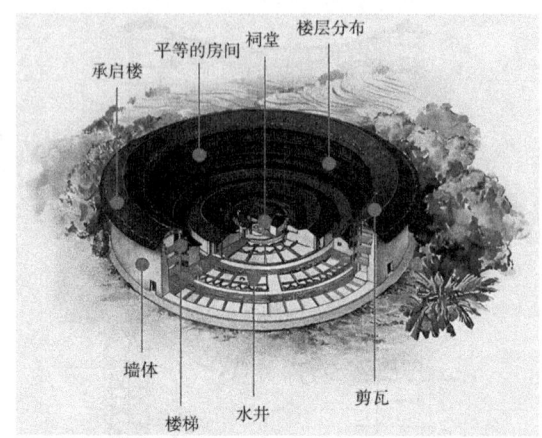

图 6-2-16　客家土楼剖面

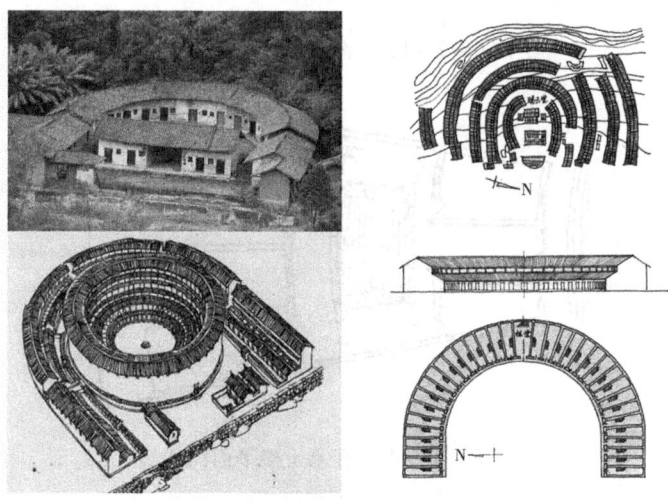

图 6-2-17　客家土楼鸟瞰 1

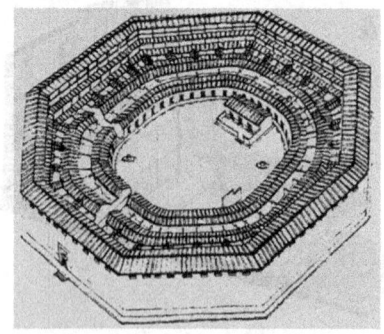

图 6-2-18　客家土楼鸟瞰 2

六、新疆阿以旺

"阿以旺"在新疆语言中意为明亮的住所。阿以旺民居由三间房屋组成,走道的一端设有主卧室,入口处的双扇门旁边有一个渗水坑,相对于土炕台低15厘米,用于沐浴排水。阿以旺民居以其中的阿以旺厅而得名。室内设有2—8根柱子,屋顶设窗户采光,柱子四周设有炕台,上铺地毯。(图6-2-19、图6-2-20)

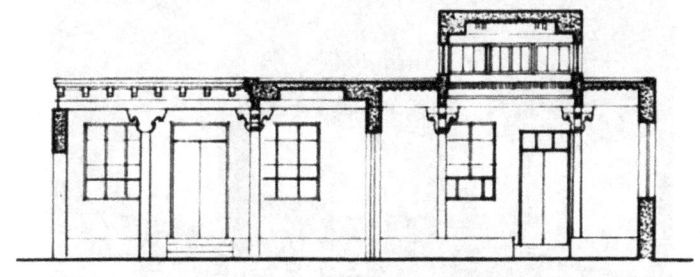

图6-2-19　阿以旺立面图

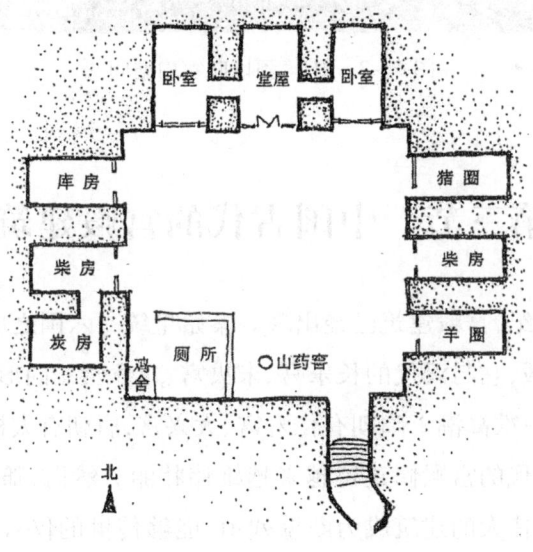

图6-2-20　阿以旺平面图

新疆民居的结构主要以土坯墙为主,但由于不同地区的气候差异,构造上存在一些差别。举例来说,北疆的昌吉、伊犁地区降雨量较多,通常使用砖石为基础,通过勒脚砌筑土坯墙。在天山南麓的焉耆地区,由于地下水位较高,人们会填筑高地面的地基,并在基础与墙身结合处铺设一层苇箔作为防潮层,以防止土坯墙受到水的侵蚀。而在吐鲁番市,由于几乎全年无雨,墙体通常完全采用土坯砌筑,无须使用砖石基础和勒脚。

在建筑装饰上,常用虚实对比、重点点缀的手法,廊檐彩画、砖雕、木刻和窗棂花饰,常常是花草、几何图形;门窗口多为拱形;色彩则以白色和绿色为主调,表现出独特的艺术风格。(图6-2-21)

图6-2-21　阿以旺室内空间

第三节　中国古代的宫殿建筑

公元前16世纪,宫殿建筑已经出现。秦始皇统一六国之后大兴土木,兴建了气势磅礴的宫殿,它与汉代的长乐宫、未央宫、建章宫一同形成了中国宫殿建筑发展史上的第一次高潮。隋朝有仁寿宫、大兴宫,唐朝有太极宫、大明宫和兴庆宫,随后各个朝代的宫殿修建得越来越雄伟壮丽。然而,随着朝代的更迭和战争的破坏,许多伟大的建筑成为断壁残垣,能够传世的仅有北京的明清故宫和沈阳的清故宫。其中,北京故宫是现存最大、最完整的古代宫殿建筑群,同时也是中国古代宫殿建筑艺术的巅峰之作。

第六章　古代中国的建筑艺术

一、宫殿布局原则

（一）前朝后寝

前朝后寝的这一建筑形制早在在周朝时已有雏形，在现在的居住空间中，古代的前朝指的是客厅，后寝为卧室。（图6-3-1）这种布局原则符合实际功能需求，为历代皇宫的建造奠定了基本格局。明清时期，紫禁城的前朝部分包括太和殿、中和殿、保和殿，帝王的政治核心区域是文华殿、武英殿、太和殿，这也是皇帝举行重要礼仪的地方。中和殿是帝王上朝前准备和休息的场所。保和殿则是殿试和宴请王公的场所。后寝部分主要包括皇帝、皇后、宫妃的居住区域。

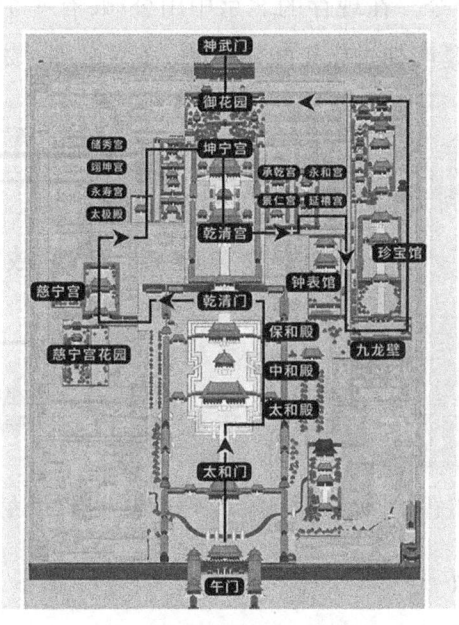

图6-3-1　宫殿总平图

（二）三朝五门

古语中称宫殿为"九重宫阙帝王家"，周朝早期已有门阙森森、宫殿重重的制度。《左传》和《礼记》详细记载了宫殿制度，强调宫殿大门前的阙。阙是高台建筑,用于远望,又称"宫阙"。其后有五重宫门:皋门、英门、路门、库门、雉门,具有强大威慑作用。接着是大朝、内朝、外朝,形成宫殿的三层朝堂。

在北京故宫,"五门"包括大清门、天安门、端门、午门、太和门;而"三朝"包括太和殿、中和殿、保和殿。总体而言,这种宫殿建制给人以庄严宏伟的感觉,是中国古代宗法社会等级和秩序精神的表现。

(三)左祖右社

根据《周礼·春官·小宗伯》的记载,建立国家的神位要按照"右社稷,左宗庙"的位置。在帝王建造宫室时,通常会遵循"左祖右社"的原则。宗庙的位置通常位于整个王城的东部或东南部,而社稷坛则位于西部或西南部,这一传统的布局一直延续至今。在现存的北京中山公园,有一个名为"五色土"的方形平坛,这个社稷坛是明朝永乐年间建造的。(图6-3-2、图6-3-3)

图6-3-2 左祖右社平面图1

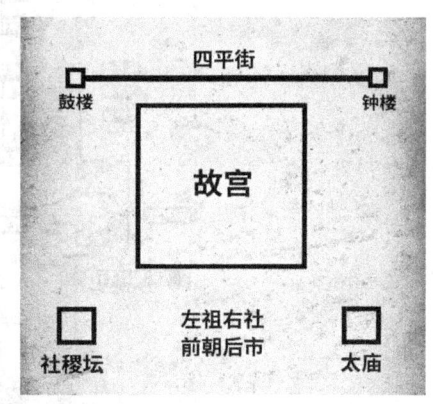

图6-3-3 左祖右社平面图2

(四)中轴对称

作为古典建筑的重要代表,宫殿规划的另一重要原则就是中轴对称。古人尊崇中道之理,在宫殿的营造上严格体现了这一观念,关键的建筑从南至北依次排列,布局井然有序。明清时期,紫禁城的前朝三大殿、后三宫、重要宫门以及广场等主要结构都沿着中轴线分布,两侧则是附属建筑。这种布局充分展现了古代社会皇权的至高无上。

二、北京故宫

北京故宫(图6-3-4)严格地按"前朝后寝,左祖右社"的帝都营建原则建造。在故宫建筑中,不同形式的屋顶有十种以上。比如三大殿,屋顶并不相同。各色琉璃瓦件铺满故宫建筑屋顶,其中黄色用于主要殿座,绿色用于皇子居住区的建筑,其他紫、孔雀绿、宝石蓝等五色缤纷的琉璃,常用于花园和琉璃壁上。

图6-3-4　北京故宫远眺

在太和殿屋顶中,正脊的两端均有琉璃吻兽托住大脊。这种造型既具有结构功能,又充当了装饰元素。太和殿位于紫禁城对角线的中心,四角上各有10只吉祥瑞兽,栩栩如生。设计者认为通过这样的设计可以展示皇帝的威严,向全国传达皇权至上的观念。整个故宫的宫殿沿着南北向的中轴线依次展开,这条中轴线上规矩地排列着三大殿、后三宫和御花园。南北一直延伸,左右对称。这条中轴线贯穿了紫禁城内部,穿越整个城市,展现了建筑宏伟的气势,十分壮观。

(一)金水桥与天安门

金水桥(图6-3-5)建于明太祖朱元璋时期,正中间最为宽大,专供皇帝使用,上面雕龙,正对午门中心,通称"御路桥",旁边的桥专供王公大臣使用。金水桥是石拱桥,全由名贵汉白玉制成,造型优美,千姿百态。旁边的白石上雕刻的是神态各异的狮子,有的静卧在窝里,有的开心地嬉戏,有的张牙舞爪地玩。站在美丽的金水桥上凭栏远眺,可望见巍峨雄伟的紫禁城,使故宫的景色越发突出,更加优美。

图 6-3-5　金水桥

高达十余米的红白墩台托起了面积约 2000 平方米的汉白玉须弥基座,而这座基座之上矗立着金碧辉煌的天安门城楼。城楼下是碧波粼粼的金水河,而河上横跨着五座雕琢精美的汉白玉金水桥。城楼前,两对雄健的石狮和秀挺的华表相得益彰。天安门堪称是一座完美的建筑艺术杰作。

(二) 太和殿

太和殿(图 6-3-6)是中国现存的最大的木结构殿宇,从明代永乐年起,经过 600 年的风风雨雨,几经重建,如今的形制是清康熙年间重建的。在当时,太和殿是用作举行大典的,遇到重大节日,皇帝一般要在此处接受文武百官的朝贺。在明清两朝的皇帝中,其中有 24 位都是在太和殿举行登基典礼的。作为最尊贵的建筑物,太和殿的大殿通高 35.5 米,殿内面积达 2377 平方米,大柱则是由 72 根雕着金云龙图案的楠木组成。大殿气势恢宏,尽显皇家风范,同时也充分反映出中国古代高超的木结构建造水平。

图 6-3-6　太和殿

(三)中和殿

中和殿(图6-3-7)的平面呈正方形,面阔和进深均为三间,四周设有走廊,地面铺设金砖,总建筑面积为580平方米。中和殿的屋顶为单檐四角攒尖,覆盖着黄色琉璃瓦,中央是铜胎鎏金宝顶。殿的四面均设有门,正门有三交六椀槅扇门共12扇,东、北、西三面各设有4扇槅扇门。门前的石阶东西各一排,南北各为三排,中间是浮雕云龙纹御路,踏跺和垂带上浅刻有卷草纹。

图6-3-7 中和殿

(四)保和殿

保和殿(图6-3-8)面阔9间,进深5间,建筑面积为1240平方米,高29.50米。屋顶是重檐歇山顶,琉璃瓦覆盖,上下檐角各有9个小兽,上檐为单翘重昂七彩斗栱,下檐是重昂五彩斗栱。

图6-3-8 保和殿

（五）御花园

御花园（图6-3-9）位于北京紫禁城的中轴线上，南北长80米，东西宽140米，占地面积12015平方米。初建于明永乐十八年，保留了初建时的基本格局。主体建筑钦安殿采用重檐盝顶式，周围建有亭台楼阁。园内松、柏、竹等翠绿植物与山石相映，呈现出四季如春的园林景观，展现了天人合一的文化传统。

图6-3-9　御花园

第四节　中国古代的坛庙建筑

中国古代的坛庙建筑起源于祭祀活动。坛庙主要有三类：第一类是祭祖自然神，包括天坛、地坛、日坛、月坛、社稷坛、先农坛、风云雷雨之坛等；第二类是祭祀祖先，帝王祖庙称为太庙，臣下祖庙称为家庙、祠堂；第三类是先贤祠庙，包括孔子庙、诸葛武侯祠、关帝庙等。

一、北京地坛

地坛（图6-4-1）是举行祭典的祭台，狭义的地坛就是指这座祭台。祭台平面呈正方形，立面两层。史籍记载的尺度为上层方6丈，下层方10丈6尺，均高6尺。据实测：上层边长20.35米，高11.28米；下层边长35米，高

1.25 米。坛四周有方形水渠环绕,名为"方泽"。方泽西南外侧有石雕的龙头,祭祀时注水,水深至龙口,形成"泽中方丘"。地坛周围有两重低矮的围墙,称为"壝"。地坛为两重方壝,壝墙黄琉璃瓦顶,四面正中各有白石筑成的棂星门,北面为正,东、西、南各一门。围墙之间的东北角有望灯台,灯杆高 10 丈 7 尺 5 寸,用于祭祀时悬挂望灯。

图 6-4-1　地坛

二、北京社稷坛

社稷坛(图 6-4-2)是一座 3 层的方坛,用汉白玉砌成,自下而上逐层收缩。坛的四周砌墙,东西南北各辟一座棂星门。坛面上铺五色土,分别为中黄、东青、南红、西白、北黑,以五行学说中的五色对应五方,象征"普天之下皆为王土"。

图 6-4-2　社稷坛

三、北京天坛

天坛(图6-4-3),面积约为273万平方米,它位于北京市的南部,属于东城区。天坛建于明永乐十八年,在清乾隆及光绪年间进行了重修与改建。天坛是明、清两代帝王祭天和祈谷的场所。圜丘、祈谷两坛总称为天坛,有两重坛墙,形成了内坛与外坛。南方北圆的坛墙,为"天圆地方"的含义。南为圜丘,北为祈谷坛,两大坛在同一条南北轴线上,有墙相隔。圜丘坛、皇穹宇等为圜丘坛的主要建筑,祈年殿、皇乾殿、祈年门等为祈谷坛的主要建筑。

图6-4-3　北京天坛

(一)圜丘外壝墙及棂星门

圜丘(图6-4-4)外面有两重壝墙,均为蓝琉璃筒瓦通脊顶,墙身涂朱。内墙是圆形,四面各有棂星门(图6-4-5),都是六柱三门。

图6-4-4　圜丘

图6-4-5　棂星门

据史书记载：大典时中门为"上帝"专用，故高大；皇帝只能从东较中门略小的门出入；而其他官员则只能从西侧更小的门出入。这左右大小的差别突出表现了封建社会等级森严的礼制。

（二）圜丘台基

圜丘的层数、台面直径、墁砌石块和栏板数量是通过使用天数的乘法和加法规律表示。

坛的层数：采用了3层的设计，分别称为"一九""三五""三七"，表示最高层的台面直径是9丈，中间层是15丈，最底层是21丈。

台面直径：以天数的倍数来表示，分别是9丈、15丈和21丈，与层数相对应。

墁砌石块：每一层都有9重，其中每圈的石块数量按照9的倍数递加。第一圈9块，第二圈48块，一直到第九圈81块，正好是九重。

栏板数量：每层的栏板数量分别是72块、108块、180块，总数是360块，正好对应周天的360度。

这种设计体现了对天体至高至大的敬仰，符合天文数理规律，展现了宏伟而有秩序的建筑形态。

（三）皇穹宇

皇穹宇是放置皇天上帝和皇帝上八代祖宗牌位的地方。皇穹宇建于明嘉靖九年（1530），初为重檐圆形建筑，名"泰神殿"，是圜丘坛的正殿，嘉靖十七年（1538）改名为"皇穹宇"。

皇穹宇为圆顶建筑，高19.5米，直径15.6米。采用木拱结构，8根檐柱和金柱支撑，南向开户，设有菱花格扇门窗和蓝琉璃槛墙。周围有圆形围墙，围墙兼具传音功能，又称回音壁，展现了中国古代建筑的精湛工艺和独特美学。

（四）天坛祈年殿

祈年殿（图6-4-6）是天坛的主体建筑，又称祈谷殿。它是一座圆形大殿，由鎏金宝顶、蓝瓦红柱、金碧辉煌的彩绘3层重檐构成。上殿下屋为祈年殿的构造形式，祈年殿建在高6米的白石雕栏环绕的3层汉白玉圆台上，为砖木结构，3层重檐向上逐层收缩为伞状。无大梁长檩及铁钉，28根楠木巨柱环绕排列，支撑着殿顶的重量。其建筑呈圆形，象征着天圆，殿顶的瓦为蓝色，象征蓝天。

图6-4-6 祈年殿

（五）回音壁

回音壁（图6-4-7）是皇穹宇的围墙，高3.72米，厚0.9米，直径61.5米，周长193.2米。墙体用对缝砌成，覆以蓝色琉璃瓦，弧度规整，表面光滑整齐，声波在墙面的折射规律极为有序。当一人贴墙而立，从东配殿后向北说话，声波沿墙壁折射，传达到100米至200米的西配殿后，即使声音微弱也能清晰传达,形成一种神秘的天人感应氛围,因此得名"回音壁"。

图6-4-7 回音壁

四、北京太庙

太庙(图6-4-8)平面呈长方形,南北长475米,东西宽294米,由前、中、后三大殿构成三层封闭式庭院。主大殿面阔11间,进深4间,总建筑面积达2240平方米。大殿采用重檐庑殿顶,3重汉白玉须弥座式台基,四周配以围绕的石护栏。主殿内的主要梁栋外包沉香木,其他构件选用名贵的金丝楠木,整体建筑形式庄严大气。

图6-4-8 太庙

五、山西太原晋祠

晋祠，位于山西省太原市晋源区晋祠镇，原名为晋王祠，初名唐叔虞祠，是为纪念晋国开国诸侯唐叔虞（后被追封为晋王）及母后邑姜后而建。晋祠是中国现存最早的皇家园林，为晋国宗祠，祠内有几十座古建筑，体现了中华传统文化特色。

（一）水镜台

水镜台（图6-4-9）有殿、台、楼、阁四种风格。在东边看它，上部是重檐歇山顶，像一座楼；下面是宽阔的宫殿形制，又像是殿。在西边看它，上部是单檐卷棚顶，像一座阁；下面又是宽敞的高台。所以，这是殿楼和卷棚相融合的一座特殊建筑。

图6-4-9　晋祠水镜台

每年的祭祀活动大多在晋祠举行，有数十次，其中的13个祭日要唱戏，只有祭祀关帝时在钧大乐台举行，其余的均在水镜台举行。观众总是在唱戏时活跃，考虑到离戏台较远的观众们的视听效果，古人想到了一个十分巧妙的扩音办法，就是在乐台前的两侧，均埋下4个大瓮，每两个扣在一起，组成4个"大音箱"，从而把声音传向较远的地方。据说，因为有了这大瓮，观众不论站在庙里何处，都能听到台上的声音。

（二）献殿

献殿（图6-4-10），被称为高规格的祭坛，是摆放供品的地方，亦是主祭人或有身份地位的祭祀参与者的活动场所。它坐落在祭祖活动区中轴线上，面阔和进深各五间，只有单层重檐，廊围四边，是仿明代的建筑。献殿的十字歇山屋顶与仿明戏台合二为一，其高度与跨度均是三晋之首，在民间祭祀场所中极为壮观，在全国是罕见的。

图6-4-10 献殿

（三）圣母殿鱼沼飞梁

鱼沼飞梁在晋祠圣母殿前，北宋时与圣母殿同建。鱼沼为水三泉之一，沼上架桥，俗称"飞梁"或"板桥"，其结构包括水中矗立的八角石柱，共34根。这些柱子的基座以宝装莲花为装饰，石柱之上设有斗拱和梁枋，用以支撑桥面。桥的设计使其在水中连接圣母殿与献殿，东西两端平坦地延伸至岸边，形成一座独特的架桥结构。

六、山东曲阜孔庙

曲阜孔庙，又称"阙里至圣庙"，与南京夫子庙、北京孔庙和吉林文庙并称中国四大文庙。曲阜孔庙始建于公元前478年，以孔子故居为庙址，历代帝王不断加封谥号,庙宇规模逐渐扩大,成为全国最大的孔庙。现存的建筑群主要由明、清两代完成,占地面积约327亩,分为前后9进院落。庙内有460多间殿堂、坛阁和门坊等建筑,四周围以红墙和四座角楼,仿照北京故宫的风格修建。

(一)圣时门

圣时门(图6-4-11)是曲阜孔庙的正门,始建于明永乐十三年。雍正八年(1730),清世宗钦定孔庙正门为"圣时门"。穿过圣时门,庭院豁然洞开,映入眼帘的是一个宽敞的庭院,古柏森森,绿荫蔽地,芳草如茵。庭院中,三座拱桥跨越而过,一条清澈的小水横贯其中,碧波涟漪,荷叶点点,水边雕刻着精致的石栏。环水处因水流"壅绕如璧",得名"璧水",而拱桥因此被赋予美丽的名字——璧水桥。

图6-4-11 圣时门

桥南东西二门,甬道相连,东曰"快睹门",取李渤"如景星凤凰,争先睹之"语,即"先睹为快"之意;西曰"仰高门",取自《论语》"仰之弥高"语,赞颂孔子学问十分高深。此是孔庙的第二道偏门。过去只有皇帝祭祀才可走正门,一般人只从仰高门进庙。

(二)璧水桥

过圣时门,进入孔庙的第二进院落。前面一水横穿,三桥纵跨,环水有雕刻石栏。北京天安门前有金水,这里设"璧水",意为孔子庙宇与皇宫等同,三桥因而得名"璧水桥"(图6-4-12)。始建于明代永乐十三年,明弘治十二年增添石栏,河身砌有河底,原河上为小墙,清康熙十六年将小墙改为石栏杆。

图6-4-12 璧水桥

(三)十三碑亭

十三碑亭(图6-4-13)分别建于唐、元、清三代。亭内珍藏着50余块唐代至民国时期的碑刻,记录了皇帝对孔子的尊崇、对庙宇进行的修复等。碑文有汉文、元代蒙古文、满文等,整体布局为南八北五,因皆由皇帝批准立碑,故也称"御碑亭"。

图6-4-13 十三碑亭

(四)大成殿

大成殿(图6-4-14)是孔庙的主体建筑,面阔9间,进深5间,殿高

31.89米,宽54米,进深34米。廊下有28根龙古柱,每根石柱都用整块石材雕成。前廊下有10根石柱,以深浮雕的手法雕刻成双龙对舞的形象,衬以云朵、山石、涛波等元素,造型优美生动。大成殿本身为重檐九脊的建筑,屋顶覆盖着黄瓦,彩绘斗拱交错,雕梁画栋,回廊周环,呈现出巍峨壮丽的氛围。

图6-4-14 大成殿

第七章

现代主义建筑及现代建筑大师与其作品

工业革命使欧美各国的科学技术和生产力得到大幅度的提升,生产方式不断变化。生产力的根本改变,使设计生产领域有了新的材料,并开始探索新功能。特别是在两次世界大战之间的二十几年间,建筑的严重破坏和极度短缺,更促进了建筑活动的兴旺。古典建筑也因此受到了严峻挑战,出现了新的建筑流派,产生了高层和超高层建筑,涌现出了现代主义建筑大师。

第一节　19世纪末至20世纪初对新建筑的探索

一、功能主义建筑

功能主义的最早出现可以追溯到18世纪时期,功能主义在那个时代广受关注,当时的设计师们也围绕这一点展开了诸多探索,并对其进行新的概念定义。第一次将功能主义与建筑结合起来考虑是在19世纪80—90年代,芝加哥学派建筑师沙利文提出了"形式服从功能"的口号,认为建筑设计应该由内而外,必须反映建筑形式与使用功能的一致性。

建筑领域开展的功能性探索,无外乎是建筑所处的环境对其产生了影响,建筑如何巧妙地将影响转化为尽人意的效果,这是功能主义建筑师们的手法。例如19世纪的拉布鲁斯特(1801—1975年),他在进行建筑功能性探索中,有两部出名的作品,即位于巴黎的两座图书馆:法国图书馆与圣日内维夫图书馆。通过引入新材料、新技术,拉布鲁斯特为建筑业做出了杰出的贡献,他所设计的空间以铁质框架、砖石薄墙、新机械系统、照明系统等现代性风格而闻名于世。

生产力水平得到极大提升之后,人们对于功能主义的探索日趋深化。即建筑领域出现了功能主义建筑。这一流派的流行思想是"建筑的形式应该服从其功能"这一前卫思想的提出,为日后的现代主义建筑的产生创造了条件,影响深远。

二、博览会建筑

博览会建筑的代表作是伦敦水晶宫（图 7-1-1），建于 1851 年，位于伦敦海德公园内，设计师为英国园艺师约瑟夫·帕克斯。建筑的材料由玻璃和铁构成，整体建筑通体透明宽敞，故被誉为水晶宫。水晶宫的建造采用了当时温室大棚的构建手法，采用标准预制件。1850 年 8 月到 1851 年 5 月，总共施工不到 9 个月时间。水晶宫不仅是首届世博会的展览馆，更是首届世博会最辉煌的展品。

图 7-1-1　伦敦水晶宫

继英国伦敦的"水晶宫博览会"之后，法国以"庆祝大革命胜利 100 周年"为由，在巴黎召开了 1889 年世界博览会。这届博览会主要以埃菲尔铁塔（图 7-1-2）和机械馆为中心。铁塔的建造花费了 17 个月，塔高 328 米，内部有 4 部水利升降机，这种巨型结构与新型设备显示了资本主义初期工业生产的巨大威力。

图 7-1-2　埃菲尔铁塔

三、工艺美术运动时期的建筑

19世纪中期,英国艺术家和技术人员联合成立了英国工艺美术展览协会,定期组织国际性展览,同时创办了《艺术工作室》杂志。该协会的创始人约翰·拉斯金和威廉·莫里斯等倡导工艺美术思想,这种思想的广泛传播影响了欧美各国,形成了著名的工艺美术运动。

(一)红屋

红屋的成功建成是威廉·莫里斯设计思想的集中体现,红屋采用非对称的结构形式,注重功能,完全没有表面的装饰,采用红色的砖瓦,既是建筑材料又是装饰。在细节上大量采用哥特式建筑手法,比如塔楼、尖拱入口,因砖瓦都是红色,故起名为红屋。红屋在设计上不仅把功能放在第一位,还吸收了英国中世纪哥特式建筑的风格处理手法,摆脱了维多利亚时期复杂的建筑手法。

威廉·莫里斯还从统一的设计思想出发,亲自设计了家具、地毯、墙纸、餐具、灯具等室内用品,形成了颇具特色的设计风格。

(二)根堡住宅

根堡住宅(图7-1-3),由格林兄弟设计而成,建筑风格偏向日本民间传统建筑,建筑整体使用木构件,注重梁柱结构的功能性、装饰性,展现了日本建筑中的模数体系以及横向形势的特点。

图7-1-3 根堡住宅

(三)克莱斯勒大厦

克莱斯勒大厦(图7-1-4)是受沃尔特·克莱斯勒的委托而建造的。它位于美国的纽约市中心,被称为第一座摩天大楼,高320米,楼高77层。克莱斯勒要求将它建造成看上去像汽车散热器帽盖的装饰物,作为他显赫的汽车制造帝国的标记。大厦是由石头、钢架、电镀金属构成的,轮毂罩装饰大楼尖顶,被认为装饰艺术建筑学的杰作、美国国定古迹。大楼的冠帽式屋顶是其最著名的部分,由7个放射状的拱组合而成,不锈钢板凭借辐射状铆衔接若干三角形的孔,颜色是银白色。(图7-1-5)

图7-1-4 克莱斯勒大厦　　　　图7-1-5 冠冒式屋顶

四、新艺术运动时期的建筑

19世纪末20世纪初,在英国工艺美术运动的影响下,实用美术领域迎来了新艺术派这一新的潮流。该运动最初的中心在比利时首都布鲁塞尔,随后迅速扩展到法国、奥地利、荷兰、德国等国家。(图7-1-6)新艺术派强调从植物形象中汲取造型素材,采用新的装饰纹样替代传统的程式化图案。这一理念深受英国工艺美术运动的影响。在家具、灯具、壁纸、广告画以及室内装饰中,新艺术派表现出明显的动感特征,主要体现在采用大量且自由连续的曲线和曲面。(图7-1-7)

图7-1-6 巴特罗之家

图7-1-7 上海外滩

新艺术派在建筑方面展示了对新结构和新材料的简朴运用，同时注重艺术表现。采用曲线构件组成的建筑，有时简约，有时繁复。这些曲线柔化了冷硬的金属材料，赋予结构以韵律感。新艺术派建筑是工业艺术与建筑艺术结合的一次成功尝试。

（一）比利时的新建筑探索

19世纪末20世纪初，比利时国家较小，在资本主义的原始积累时期没有能够像英国、法国、德国等国家通过海外殖民高速发展，经济上比较落后，因此，建筑设计的发展也十分缓慢。进入工业发展阶段的比利时，工业发达，国家安稳，所以国家经济也较为繁荣。1900年前后，比利时进入新艺术运动发展阶段，是欧洲新艺术运动的重要活动中心之一。（图7-1-8）

图7-1-8 比利时新建筑室内

第七章 现代主义建筑及现代建筑大师与其作品

比利时的新艺术运动出现了许多出色的设计,尤其是霍塔的建筑和室内设计,博维的家具设计。装饰上,他们既保持了新艺术运动的基本风格,如装饰特征以曲线为主,又在装饰与功能之间设计出巧妙的平衡关系,与大部分法国"新艺术"风格设计师走极端的方式相比,更加稳健和完美。位于巴黎的霍塔旅馆(图7-1-9),是新艺术运动最杰出的设计之一,它具有十分规范的新艺术运动风格,从建筑立面装饰、外表设计,到室内的栏杆、灯具、墙纸、地板陶瓷镶嵌、窗户的玻璃镶嵌设计等,色彩十分协调,曲线也很流畅,获得了世界各地一致好评。

图7-1-9　巴黎霍塔旅馆

(二)奥地利的新建筑探索

1904—1906年,奥托瓦格纳设计的维也纳邮政储蓄银行(图7-1-10)是奥地利新艺术运动代表建筑。建筑中部的银行大厅沐浴在自然光线中,可以从主楼梯的顶部看到。它是一种19世纪盛行的城市建筑玻璃顶的火车站棚转化而成的一个半透明的社会象征,具有透明、轻巧、效率和可获得性等所有与这座建筑的社会意图相称的价值。它的一些细节,比如抽象化的毛石、入口雨棚修长的金属柱子,对常用的建造元素进行了微妙颠覆。立面本身用薄的大理石薄板覆盖,闪亮的铝盖使螺帽更加夸张和明显。其实这些平滑的石头面板是用水泥砂浆砌合到砖墙上的,螺栓只起临时的固定作用。

世界建筑艺术设计概论

图7-1-10　维也纳邮政储蓄银行

（三）西班牙的塑性建筑

西班牙的塑性建筑以高迪建造的米拉公寓（图7-1-11）为代表。建造于1905—1910年的米拉公寓是一个更为极端的"盒子"的变形，不像巴特罗公寓那样是对一个已存结构进行重塑。高迪所设计的这个建筑，从外观上看没有那种纯粹直线条的东西，取而代之的是一种自然中有机的曲线线条。

图7-1-11　西班牙米拉公寓

（四）荷兰与芬兰的新建筑探索

芬兰赫尔辛基火车站（图7-1-12）建于1906—1916年。该建筑是20世纪初车站建筑的前沿代表，也是北欧早期现代派建筑的代表之一，但仍带有折中主义的特色。其体形明快,轮廓清晰,细节简练,展现了砖石建筑的特征,同时也融入了现代派建筑发展的潮流。著名建筑师艾里尔·沙里宁是赫尔辛基火车站的设计者,此建筑作为他的浪漫古典主义建筑的代表作,建筑设计上既有古典之厚重,又有高低错落感,外观上方圆相映,显得生动活泼,是20世纪建筑艺术精品之一。

图7-1-12　芬兰赫尔辛基火车站

五、德意志制造联盟时期的建筑

现代建筑运动从一开始就受到了德国政府以及工业界的积极支持,直到1933年为止。其中,关键性的人物是赫尔曼·穆特修斯,他将英国工艺美术运动移植到了德国。他提倡将机器看作一种合理的工具,以适应大批量消费产品的生产,并提出为了这一目的而创造某种机器风格的需求。1907年,穆特修斯创立了德意志制造联盟,这是一个拥有前瞻性的工业家、艺术家、作家和建筑师的协会组织,其目标是"选择最有代表性的艺术工业、工艺和贸易,汇合起所有的努力以期达到工业制品的高品质"①。

在这些建筑师中,彼得·贝伦斯将三位伟大建筑师——格罗皮乌斯、密斯·凡·德·罗以及勒·柯布西耶吸引到办公室作为其助手。贝伦斯这时担

---

① 马爽. 威廉·莫里斯"艺术社会主义"美学思想研究[D]. 辽宁大学,2022.

任德国通用电气公司设计顾问,为这个企业的每一个要建造、使用或生产的制品进行设计和监督,其中包括工厂、办公楼以及相配套的设备和家具,还有工业和家用制品,甚至包括日常文具和办公用品。

1909年,透平机工厂在柏林建造(图7-1-13),这是被成功地带入欧洲建筑主流中的第一座工业建筑。从结构上讲,这座建筑的主要空间是一排三铰钢拱,这是19世纪用于桥梁、火车站和展览厅中的结构类型。贝伦斯将一个工厂的工棚转换为一个高尚的建筑纪念碑,建筑两侧的玻璃向后退,三铰钢拱较低部分向前伸出,像是一个巨大的柱廊,不厚的转角墙看起来像是厚重的塔门。贝伦斯这一作品最辉煌的一笔是通过在建筑前面悬挂上易碎的、透明的铁—玻璃结构幕墙,而使宽大的立面变成闪亮的玻璃面。

图7-1-13　柏林透平机工厂

六、芝加哥学派与高层建筑

19世纪以前,芝加哥只是美国中西部的一个小镇。然而,随着美国西部的拓荒活动,这座位于东西交通要道的小镇在19世纪后期迅速崛起,到了1890年,芝加哥的人口已经增长到100万。这一时期经济的繁荣发展和人口的急剧增长推动了建筑业的蓬勃发展。1871年10月8日,芝加哥市中心爆发了一场大火,摧毁了城市1/3的建筑物,这进一步加剧了人们对新建房屋的需求。在这种情况下,芝加哥涌现出一群主要从事高层商业建筑设计和建造的建筑师和工程师,后来被称为芝加哥学派。

芝加哥学派建筑(图7-1-14)的特点是:铁框架、高层、横向大窗、简洁立面。路易·沙利文是芝加哥学派中最著名的建筑师。然而,由于当时大多数美国人认为这些建筑缺乏历史传统和文化内涵,因此在大众中未能取得广泛认可。尽管在特定的地点和时间解决了紧急需求,但这一学派最终仅在芝加哥一地存续,不久便逐渐消散。路易·沙利文本人也因工作量匮乏最终破产,于1924年在困境中辞世。芝加哥学派的短暂辉煌和沙利文的窘迫表明,直至19世纪末和20世纪初,美国仍然根深蒂固地坚守传统建筑观念和风格。

图7-1-14 温莱特大厦

七、欧洲的表现派建筑

表现主义的音乐、绘画和戏剧于20世纪初在德国、奥地利首先产生。艺术的任务在于表现个人主观感受和体验,这是表现主义者所认为的。比如,原来的画家认为天空是蓝色的,他就会把天空都画成蓝色的,却不顾时间与地点。画家会根据自己主观的"表现"需要,把绘画中的马画成红色或蓝色的,其目的是让观者在情绪上受到激励。经过此艺术观点的影响,一些表现主义的建筑在第一次大战后开始出现。

表现派建筑师经常运用夸张奇特的建筑体形,象征某种时代精神,表现某种思想情绪。其中,20世纪德国建筑师门德尔松的德国波茨坦市爱因斯坦天文台(图7-1-15)最具有代表性。此建筑曾经是与爱因斯坦进行合作研究的地方,其结构是动物形象与科技世界的奇异综合。爱因斯坦天文台倾向于成为一个混凝土结构,但却是用砖建造,并用混凝土覆盖了一个雕塑一样的外观。这座建筑给人一种猫科动物的印象,它看起来似乎是一只拥有强有力肌肉伸展前爪、肋骨和躯干蹲伏在那里的猛兽。它的头部,即半穹隆状的观测台上,有着可以望得很远的双眼,像是古代埃及的斯芬克斯在20世纪的再生。

图7-1-15　爱因斯坦天文台

八、风格派与构成派建筑

　　荷兰里特维尔德于1924年在乌得勒支建造的施罗德住宅(图7-1-16),通过对于那些简单建筑特征,如墙体、阳台、扶手、支柱、窗子、横梁进行富于灵感的处理,将一座小型的郊区别墅变成了一个纯粹的风格派建筑。在里特维尔德设计的木制装置和家具中,楼梯扶手、灯具、椅子、桌子等设计与布置都是在一个直线形的形态下,最富有想象力的内在装置是地板与天花板之间的滑板,可以在角落中灵活地折叠起来。这些滑板沿着轨道伸展开时,可将原本连续的空间分隔成为几个独立的隔间,分别用于工作、睡眠和洗浴等。里特维尔德的职业决定了整座住宅的建构方式,其中,这座住宅唯一使用的混凝土构件是基础与阳台,其余的都是砖和木头。(图7-1-17)

第七章 现代主义建筑及现代建筑大师与其作品

图 7-1-16 施罗德住宅

图 7-1-17 施罗德住宅室内

第二节 现代主义建筑的发展状况

现代主义建筑起源于 19 世纪下半叶,经过近半个世纪的探索和发展,在两次世界大战之间取得了全球主导地位。早期的现代主义建筑被称为"欧美先锋派",主要包括如下 4 种。

(一)理性功能主义

其特点是注重"皮包骨"和"少即是多"的精致。

代表人：密斯·凡·德·罗。

代表作：伊利诺工学院建筑馆、纽约西格拉姆大厦、芝加哥湖滨大厦、巴黎拉德方斯新区。

(二)粗犷主义

其特点是反映混凝土自然、原始的质感和建筑构件之间的粗糙碰撞。

代表人：勒·柯布西耶。

代表作：马赛公寓、圣玛利亚修道院、昌迪加尔法院、朗香教堂。

(三)典雅主义

特点是将古典主义和文艺复兴建筑的精髓融入现代建筑中。

代表人：斯东。

代表作：美国驻印度大使馆、布鲁塞尔世博会美国馆、纽约林肯文化中心、纽约世界贸易中心。

(四)有机功能主义

其特点是注重建筑的外部形象，将建筑的形象和功能有机地结合，形体具有明显的动感。

代表人：小沙里宁。

代表作：纽约肯尼迪国际机场候机楼、华盛顿杜勒斯国际机场候机楼、澳大利亚悉尼歌剧院。

第三节 现代主义建筑的设计原则

在现代主义建筑设计的历史长河中，现代主义建筑流派以其独特的设计理念和原则，成为不可忽视的重要力量。现代主义建筑设计原则强调功能性、简洁性、材料真实性及技术与艺术的结合，为现代城市的面貌带来了深刻变革。

功能性是现代主义建筑设计的核心。现代主义建筑师认为,建筑的首要任务是满足人们的实际需求。因此,在设计过程中,他们注重空间布局的合理性和使用效率的最大化。无论是住宅、办公楼还是公共设施,现代主义建筑都力求通过精确的计算和科学的规划,实现空间的最优利用。简洁性是现代主义建筑设计的另一大特点。现代主义建筑师追求形式的简洁和纯粹,摒弃了烦琐的装饰和多余的细节。他们认为,运用简单的几何形状和线条,就可以表达出建筑的本质和美感。这种设计理念不仅使得建筑外观更加清晰明了,也提高了建筑的施工效率和经济效益。材料真实性也是现代主义建筑设计的重要原则之一。现代主义建筑师注重使用自然、真实的建筑材料,如钢铁、玻璃、混凝土等,并以此来展现建筑的结构特点和质感。他们相信,通过运用这些材料,可以创造出既坚固又美观的建筑作品。

技术与艺术的结合是现代主义建筑设计的另一大特色。现代主义建筑师积极运用最新的技术手段,如钢结构、幕墙系统、节能技术等,来优化建筑的功能和性能。同时,他们也注重建筑的艺术性,通过巧妙的构图和光影设计,赋予建筑独特的审美价值。

综上所述,现代主义建筑设计的这些原则不仅为现代建筑设计提供了有力的指导,也为现代城市的面貌带来了深刻的变革。在现代社会中,这些原则依然具有重要的指导意义,推动着建筑设计领域不断向前发展。其指导意义体现在以下几方面:

(1)强调新功能、新技术和新形式的引入。

(2)提倡艺术与技术的融合,追求双重性。

(3)将空间视为建筑的实质,设计强调空间的表现。

(4)主张形式与功能的一致,即外部形式与内在功能要统一。

(5)反对外部过度装饰,主张美应实用和适于建造手段。

(6)美感体现在空间容量和体量在组合构图中的比例与表现。

(7)注重三维空间的表现,包括平面、立面和时间。

(8)重视建筑的经济性和社会性。

(9)强调与环境的协调,强调建筑要具有生活气息。

第四节 现代主义建筑的重要贡献

一、形成了新的建筑风格

对于人们来说,建筑物的实用性、经济性已经不能够让他们满足,所以人们的思想观念的改变也促使现代主义建筑物形成了创新性这一特点。这一特点不仅仅局限于建筑物的造型以及风格方面,同时也深深地体现在建筑所采用的材料,人们甚至能够在现代主义建筑的结构上看出这一特点。当然这种建筑物的创新还和时代有着密切联系,细心的人也会发现,各个国家的现代主义建筑都带有时代的特点,它衍生于过去的建筑风格中,同时又非常坚决地突破过时建筑样式的束缚。在设计建筑物的风格的时候,设计师们对建筑物的表现手法以及建造手法等进行了一定程度的统一,使建筑物能够给人一种灵活性、艺术性的感觉,同时也能够引起人们对现代主义建筑物的一种深深的欣赏之情。

二、创造了新的建筑形式

当代主义建筑在形式和技术上与工业化时代的条件相互协调,积极采用新材料和结构,推动建筑技术的革新,摆脱了历史建筑样式的束缚,创造了崭新的建筑形式。

三、提高了建筑的科学性

现代主义建筑的科技性包括了当代建筑技术的知识形态、认识过程、判断标准、限定条件、生态环境、建筑技术体系、基础科学与建筑技术的有机联系与互动机制等。作为现代社会科技总体中一个重要而独特的组成部分,现代主义建筑的科技性的实质就是人类在实践的基础上对自然环境进行改造和加工的理论、手段及方法的总和。

四、重视了建筑的经济性

不管是建筑的设计者还是建筑物的拥有者,对建筑都有一个共同的要求,那就是建筑物的经济性以及实用性,同时这也是现代主义建筑的一个非常大的特点。它的这个特点也是为了更好地满足人们对建筑现实主义以及功能主义的要求。

五、发挥了结构和材料的性能

在现代主义建筑中,注重材料本身的质感和结构的创造,可以展现形体感和空间意识,这是一项技术上的重要研究。艺术表现侧重于建筑的面和体的呈现。这一部分强调建筑形式和结构的美,超越了简化建筑外观造型。因此,可以说现代主义建筑是技术、材料和艺术相结合的产物,三者之间联系紧密。

六、建筑必须走工业化道路

现代主义建筑追求摆脱传统束缚,大胆创新适应工业社会,具有强烈的理性主义和激进主义特征,强调功能性和简化性,挑战传统观念,追求创新。

第五节　格罗皮乌斯与理性功能主义建筑

格罗皮乌斯(图7-5-1)是设计教育家、思想家和理论家,也是现代主义建筑流派的代表人物。他于1903—1907年在慕尼黑工学院和柏林夏洛滕堡工学院接受教育,1907—1910年间在柏林建筑师彼得·贝伦斯的建筑事务所工作。1910—1914年间,他开始创业,并与阿道夫·迈耶一起设计了两个著名作品:法古斯鞋楦厂、1914年科隆展览会展出的办公楼。格罗皮乌斯凭借预制设计原理所作的示范工厂和办公楼设计,在1914年科隆举办的现代工业设计大展上大获异彩,因此在建筑界名声大噪。在1919年3月20日,成立包豪斯大学,即国立建筑设计学院。

图7-5-1　格罗皮乌斯

格罗皮乌斯于1928年与勒·柯布西耶等人共同创立了国际现代建筑协会,并在1929—1959年间担任该协会副会长。他在1937年定居美国,成为哈佛大学建筑系的教授和主任,并参与创办了该校的设计研究院。在美国期间,格罗皮乌斯广泛传播包豪斯的教育观点、教学方法和现代主义建筑学派理论。他注重将精确的数学计算运用于建筑中,推动了美国现代建筑的发展。1945年,他与他人合作创办了美国最大的、以建筑为主的设计事务所——协和建筑师事务所。在20世纪五六十年代,格罗皮乌斯荣获英国、美国、澳大利亚等国建筑师组织、学术团体以及大学颁发的荣誉奖、荣誉会员称号和荣誉学位等,成为一位不可多得的建筑设计奇才。

一、设计理念

(1)主张设计与工艺相统一,艺术与技术相统一。

(2)强调全面提高人类生活环境的系统化设计。

(3)注重技术、功能以及经济效益。

(4)注重标准化、机械化、批量化、大众化。

(5)结合理论主义与功能主义。

二、代表作品

格罗皮乌斯的代表作品有包豪斯校舍、法古斯鞋楦厂、1914年科隆展览会展出的办公楼、德国西门子城住宅区、哈佛大学研究生中心、西柏林汉莎区的高层公寓等。下面以包豪斯校舍和法古斯鞋楦厂为例进行介绍。

(一)包豪斯校舍的特点

(1)有布局自由的形体空间,不同的功能可选择不同的结构形式。

(2)用混凝土框架、悬挑楼板建造试验工厂,建筑外观是玻璃幕墙,充分利用自然光。

(3)造型上非对称统一,若干无装饰立方体,高低错落,吸引眼球。

包豪斯校舍的实验工厂在极大程度上采用了大面积玻璃幕墙。(图7-5-2、图7-5-3)在由格罗皮乌斯设计的这座四层厂房中,二、三、四层的三个面采用了全玻璃幕墙,为后来的高层建筑使用全玻璃幕墙开创了先例。当时现代主义建筑学派主张的现代功能观点的一个主要方面就是把大量光线引进室内。格罗皮乌斯设计的房屋窗户较大,且有阳台,这与欧洲传统建筑阳光少、幽暗的室内形成鲜明对比。从总体布局来看,运用行列式布局,目的是保证阳光照明和通风,与传统的周边式布局相对。为了保证室内有充分阳光及保证房屋间的绿化空间,要求在一定的建筑密度条件下,建筑之间的合理间距按房屋高度决定。这些观点在格罗皮乌斯设计的德国西门子城住宅区、美国匹兹堡的铝城住宅区中都体现得十分精妙。

图7-5-2　包豪斯校舍1

图7-5-3　包豪斯校舍2

（二）法古斯鞋楦厂的设计特征

（1）构图采用非对称式。

（2）按功能分区，布局自由的形体空间。

（3）墙面较为整洁，没有装饰。

（4）没有挑檐，平屋顶。

（5）采光很好，有大面积的玻璃幕墙。

法古斯鞋楦厂（图7-5-4、图7-5-5）和1914年科隆展览会上展出的两座办公楼都采用了框架结构，即外墙与支柱分离，构建了大片连续的轻质幕墙，使得室内采光良好;都利用钢筋混凝土楼板的悬挑性能,没有在房屋的四角设置角柱。展览会办公楼正面两端都设有全玻璃幕墙的圆塔,暴露出内部螺旋形楼梯和上下楼的人们。这为后来的现代建筑的设计(如百货商店、疗养院等公共建筑)开了先河。由此可见,功能和美观可同现代材料和结构技术相互融合,这两座建筑的创建既提出了新的功能,又表达了新的美学观点。格罗皮乌斯注重建筑功能还表现在他根据人的生理要求、人体尺度确定空间最小极限,根据空间的性质、用途、相互关系进行组织和布局等。

图7-5-4　法古斯鞋楦厂

图7-5-5　法古斯鞋楦厂侧视图

第六节　勒·柯布西耶与粗野主义建筑

勒·柯布西耶（图7-6-1）是20世纪著名的建筑师和设计艺术理论家，他的建筑新理念、城市规划思想标新立异，是法国现代主义建筑运动代表人物。1907年考察意大利建筑，特别是宗教建筑，对他的设计生涯有很大的影响。1908年，他在巴黎接受钢筋混凝土建筑设计训练。1910年，勒·柯布西耶去柏林，密切联系德国工业联盟，与米斯共事于彼得·贝伦斯的设计事务所。

图7-6-1　勒·柯布西耶

勒·柯布西耶专注于混凝土建筑设计研究，并回到家乡开设了设计事务所。他于1917年定居巴黎，与奥占芳（纯净派美学代表人物画家）共同创办了《新精神》月刊，旨在宣传他的设计思想。1923年，他出版了《走向新建筑》一书，成为"机械美学"的理论奠基人。自1928年以后，许多代表性的建筑出自他的设计，他还在城市规划方面做出了突出的贡献。勒·柯布西耶著有40余部书籍，设计了60余座大型建筑，对现代建筑风格产生了深远的影响。

一、设计理念

（1）积极创造建筑新风格，摆脱旧的建筑样式。

（2）创造新建筑风格，发展新建筑美学。

(3)体现新建筑的五大特点:底层用独立支柱,屋顶花园,自由平面,自由立面,横向长窗。

二、代表作品

勒·柯布西耶的建筑代表作品有萨伏伊别墅、朗香教堂、马塞公寓、昌迪加尔法院、拉吐亥修道院等。下面具体讲述萨伏伊别墅、朗香教堂和马赛公寓。

(一)萨伏伊别墅

萨伏伊别墅(图7-6-2至图7-6-4)建于1928—1929年。该建筑采用的是钢筋混凝土,是勒·柯布西耶的典型代表作,主要特点如下。

图7-6-2 萨伏伊别墅

图7-6-3 萨伏伊别墅二层

图 7-6-4　萨伏伊别墅楼梯

（1）模数化设计：勒·柯布西耶研究数据、人体比例，该设计方法沿用至今。

（2）简约装饰风格：萨伏伊别墅形体简洁，结构明确，室内空间注重功能性。

（3）用色单纯：建筑外观为白色，没有其他颜色进行装饰。

（4）屋顶花园设计：屋顶花园运用了绘画和雕塑的表现技巧。

（5）车库设计：车库与别墅紧密结合在一起，动线明确，避免与人流的交叉影响。

萨伏伊别墅位于巴黎近郊的普瓦西，属于现代主义建筑。别墅宅基为长约22.5米，宽20米的矩形，有3层。它的轮廓简单，外墙光洁没有装饰，水平长窗平阔舒展，与传统的欧洲住宅不同，光影变化十分丰富。

萨伏伊别墅的一层架空设计旨在实现停车的流畅感。车辆从别墅正面右侧架空区进入，沿半圈道路绕行到背面中央停车，然后可以选择从另一半圈道路继续行驶或停在左后方的车库。建筑内部底楼的两个对角分别设置了公共区域和私密区域，以交通枢纽为中心，形成非对称的循环和流动空间。设计中包含中央坡道，围绕着不同的自由空间，使人驾车在折返的坡道上行驶时，既能感受到视觉的变化，又能因各层间空间的差异而产生不同的感觉，达到了步移景动的效果。这种独特的设计理念为居住者提供了与众不同的居住体验，将功能性与美学有机地结合起来。别墅的二楼，开敞空间面积很大，更加接近自然，仅用一层玻璃墙将室内外相隔，达到一种良好的过渡效果，打造出一个充足的空间。屋顶采用花园的形式,使得居民能与大自然亲近。建筑物的屋面还有节约能耗、隔热保温、阻挡噪声、吸附灰尘、净化空气等功能。

(二)朗香教堂

朗香教堂(又叫洪尚教堂)(图7-6-5、图7-6-6),由勒·柯布西耶在一座山顶上设计建造,位于法国东部索恩地区的浮日山区,于1955年建成。朗香教堂是20世纪最具表现力、最令人震撼的建筑,对现代建筑的发展有着深远影响。勒·柯布西耶改变了传统教堂设计模式及现代建筑的一般手法,将其作为混凝土雕塑作品来塑造,注重建筑造型、建筑形体给人的感受。

图7-6-5 朗香教堂

图7-6-6 朗香教堂侧面

勒·柯布西耶采用了一种雕塑化且奇特的设计方案来建造朗香教堂,他打破了传统的天主教堂设计,弯曲的墙面上覆有一个有复杂曲率的黑色屋顶,屋顶的曲面卷曲朝上，仿佛飘浮在墙面上。有"光墙"之称的是南面的墙。这堵厚墙上有些不规则的空洞，室内开口大于室外。它比例奇特，靠外墙的洞口上安装有教堂里常用的彩色玻璃。此外，墙体与屋顶的连接处留有一定的间隙，自然光透过三个弧形塔进入室内，产生了奇特的光线效果，凸显了一种神秘感。

　　朗香教堂的屋顶在东南转角展现了挺拔奔放的气势，东南部分较高，而西北部分较低，这有助于收集雨水。雨水通过屋顶西北侧的水口流向地面水池，实现了有效的雨水收集。整个设计不仅在形式上独具创意，而且在功能上也考虑到了实际需求。（图7-6-7至图7-6-9）朗香教堂有一个长方形的中厅，两个侧入口，一个位于轴线上的主圣坛，以及位于塔楼之下的三座小礼拜堂。其结构主要是一些粗糙的石建筑的墙体。它的室内是一个粗略的四方空间，沿着一个东西向的长轴，其外墙和屋顶被对角地处理成明显对比的组合形式。朝向"前面"的位置，凹入的南墙和东墙合为一体，在一个巨大的悬浮屋顶下向外突出，北墙和西墙被塑造成波形的、向外凸出的连续体，而没有可见的屋顶，并流动进了塔形结构之中，只是被一个入口所打断。钟塔凸出的部分，其封闭的一侧转而朝向凹入的前方；其另外一侧恰呈相反的朝向。这些外部特征的一部分，可以被看作是动能性的；悬于其上的屋顶遮护着主要入口和由东墙形成的外部后殿，这里有一个圣坛和一个讲道坛，用来提供室外的服务。勒·柯布西耶考虑更多的是其雕塑性的、富于动感的、带有棱角的在一侧有向上的飞动感，而在另外一侧则呈现出圆润而固着大地之上的外形效果。（图7-6-10、图7-6-11）

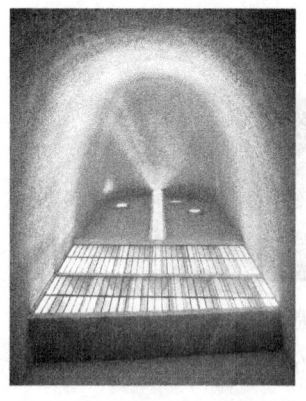
图7-6-7　朗香教堂内部构造

图7-6-8　朗香教堂外部结构

第七章　现代主义建筑及现代建筑大师与其作品

图 7-6-9　朗香教堂内部

图 7-6-10　朗香教堂屋顶

图 7-6-11　朗香教堂外部

(三)马赛公寓

勒·柯布西耶最具影响力的后期作品是他建于 1947—1952 年的马赛公寓（图 7-6-12、图 7-6-13）。这座巨大的 12 层高的公寓建筑能为 1600 人提供住所，其建造背景是为了减缓战后住宅短缺造成的巨大压力。虽然这座建筑的设计是精心推敲的，但从结构上讲它又是十分简单的：一个直线型的钢筋混凝土网格，在这些网格中嵌入一些预制的个体公寓单元，建筑师将其置入网格之中，就像将瓶子插在葡萄酒架子上一样。

图 7-6-12　马赛公寓 1

图 7-6-13　马赛公寓 2

通过一种具有创造才能的平面推敲，有 23 种不同的公寓配置被提供出来，为人们提供住处，几乎所有的单元都配置有双层高的起居室和一个很深的阳台,这些阳台构成了公寓主要的外部特征。在中心部位,有一条穿过网格的"室内街道",其中的第七层与第八层形成了一些公共的设施,包括一些商店、一个餐馆,甚至一座小旅馆,而在这座"家庭生活的神殿"的屋顶上,布置了运动设施和儿童的游戏区域。作为一种建筑类型,马赛公寓是从勒·柯布西耶1922年的设计灵感中发展而来的。公寓的建筑设计是流线型的,并且同建筑师有关个体住宅设计的五要点相结合。屋顶花园是一个由粗糙混凝土形式构成的景观花园,景观是一些像隧洞一样的烟囱。如果萨沃伊别墅暗示了某种脆弱的筏子一样的船体,马赛公寓则给出了一种厚重的人道之船的印象,它能够承载整个村子安全地穿越那郁郁葱葱的马赛郊区。

第七节　密斯·凡·德·罗与技术精美主义建筑

20世纪建筑的形式创造者中,最能够与勒·柯布西耶和赖特相匹敌的,就是柏林学派的领导者密斯·凡·德·罗(图7-7-1)。密斯·凡·德·罗的建筑理念被总结为"少即是多",强调了设计流动空间的新概念。他的作品以精简为特点,许多部分几乎完全裸露,但它们既高贵又雅致。在密斯·凡·德·罗的设计中,建筑结构本身就是建筑艺术的一部分。

图7-7-1　密斯·凡·德·罗

密斯·凡·德·罗是德国人,有着典型的理性严谨的德意志民族特征。因此,在20世纪初众多建筑大师的设计中,他的设计十分突出。他没有勒·柯布西耶和赖特那种新想法层出不穷的创造能力,但是他的成熟作品将他带到了大功率聚光灯下狂热的焦点上,造就了一个像钻石一样闪闪发光的观念与实践。他的热情被投放在完美的结构、比例和细部上。密斯·凡·德·罗的代表作品有如下几个。

一、巴塞罗那德国馆

密斯·凡·德·罗在1929年设计了巴塞罗那博览会德国馆(图7-7-2)。这座长约50米,宽约25米的展览馆,由三个展示空间、两个水域部分组成。呈矩形的主厅用玻璃和大理石隔断,却又隔而不断,纵横交错,还有的向外延伸成围墙,打造出半封闭半开敞的空间,既分隔又有联系。建筑形体利用玻璃、钢、大理石,比较简单,没有装饰,有种简洁高雅的氛围。巴塞罗那博览会德国馆是现代主义建筑最初的成果之一,更是代表作之一。在巴塞罗那博览会德国馆,设计师突破了传统封闭且孤立的室内空间范式(通常由砖石承重),采用了开放且连绵不断的空间设计。主厅采用了8根十字形断面的镀镍钢柱来支撑钢筋混凝土平屋顶(图7-7-3)。这一设计特点使得墙壁不再需要承担结构重任,可以自由布置;馆中设有双层玻璃光箱,与赖特设计的芝加哥罗比住宅所呈现的空间构成与比例具有惊人的一致性和因果关系,这个双层玻璃光箱有种视觉对比。巴塞罗那博览会德国馆在建筑立面的设计上更是突破了传统的设计手法,它靠钢铁、玻璃等表现其新颖的美、精确的美,还有材料本身的纹理美、质感美。墙体和顶棚相接,有从地面一直到顶棚的玻璃墙,改变了传统的有过渡或连接的部分,看起来比较简洁明快。

第七章　现代主义建筑及现代建筑大师与其作品

图 7-7-2　巴塞罗那德国馆　　　图 7-7-3　巴塞罗那德国馆主厅钢柱

在它的建筑空间划分和新建筑形式中,"少即是多"这句名言得到充分体现。密斯·凡·德·罗设计的巴塞罗那博览会德国馆采用了"自由灵活的空间组合"①,开创了流动空间的新概念。(图 7-7-4)

图 7-7-4　流动空间

二、伊利诺工学院建筑馆

1930 年,密斯·凡·德·罗担任包豪斯最后一任校长。1937 年,他来到美国开展业务,担任了阿默学院建筑系主任。1940 年,阿默学院升为伊利诺斯工

---

①　郭萌.极简主义在现代室内设计中的运用[J].北方工业大学学报,2010,22(2):80-83.

学院,密斯·凡·德·罗继任系主任,于1958年退休。

从1939年开始,该学院开始构思规划设计新校园,密斯·凡·德·罗先后作了3次总体规划,终于在1942年开始落实。密斯·凡·德·罗以24×24(7.32米×7.32米)的平面和12(3.66米)高的模数作为基本单位,用无装饰、纯净的几何体构建了整个校园的建筑。学院一层的中心是服务性核心,呈"H"形,周围布置有图书室、绘图房、办公室、展览空间等,它们被安置在一个仅用木隔板分隔的大空间内。半地下室是学院的设计工业系,通过隔墙将教师办公室、车间、储藏室和机电设备间等划分出来。(图7-7-5至图7-7-7)

图7-7-5　伊利诺工学院1

图7-7-6　伊利诺工学院2

第七章 现代主义建筑及现代建筑大师与其作品

图7-7-7 伊利诺工学院正立面

三、范斯沃斯住宅

位于美国伊利诺伊州福克斯河畔的范斯沃斯住宅(图7-7-8)是个纯粹的玻璃立方体。旁边有福克斯河,河边是茂密且种类繁多的树木,在建筑南侧有棵大枫树。该建筑那分离的白色钢结构和透明玻璃幕墙,使整个建筑仿佛消失在人们的视野中,与大自然融为一体。

图7-7-8 范斯沃斯住宅

范斯沃斯住宅虽然是建筑界的一个里程碑,但是从某个角度上也是一个失败的作品。巨大的玻璃窗不保温隔热,而且安全性差。有人说虽然密斯·凡·德·罗精心设计了不可移动的家具,营造了完美的室内空间,但是却给人们的使用造成了一定的障碍。使用者按照自己的喜好,重新布置过后,建筑便不再具有密斯·凡·德·罗设计的完美和纯粹。(图7-7-9、图7-7-10)但是笔者并不这么认为。住宅从入口到房间、室外、半室外再到室内,随着台阶逐步抬起,空间逐步过渡,密斯·凡·德·罗用他独特的建筑语言,将人的心理自然地从外部引入建筑空间。透而不通、隔而不离的透明玻璃幕墙,把室外的自然光引入室内,达到拓展建筑空间的高潮。虽然密斯·凡·德·罗的设计和使用者的生活有些矛盾,使用者会依据喜好改变室内布置,但如此一来,人与建筑间的关系更具深层次了,建筑因人的运动产生运动,这也是密斯·凡·德·罗"流动空间""匀质空间"的具体表现。密斯·凡·德·罗认为人是活的生命,这与沙利文的"形式服从功能"相异,密斯·凡·德·罗认为人的需求是变化的,人们难以改变定型的建筑形式。但只要有个大空间,人们跟随喜好在其内部随意改造,需求就能得到满足。这也应验了一句古话:"以不变应万变。"范斯沃斯住宅也正是因此而生。

图 7-7-9　范斯沃斯住宅室内 1

图 7-7-10　范斯沃斯住宅室内 2

四、西格拉姆大厦

20世纪50年代,西方建筑界盛行追求建筑物技术精美的倾向。西格拉姆大厦(图7-7-11)是密斯·凡·德·罗风格的最典型代表,是追求技术的成功结果,也是对早期现代主义平民化理想的明显背离。西格拉姆大厦是一家大酿酒公司的行政办公大楼,从外观看,它就是一个规则的玻璃六面体。大厦外墙采用玫瑰灰色的吸热玻璃,钢框架包在了防火层之内,外表贴上了紫红色的铜条作为窗框,整座大厦华贵端庄,施工精细。周围的风景随着光影在玻璃幕墙上起伏变化,又给大厦增添了梦幻的色彩。

图7-7-11　西格拉姆大厦

大厦的前面还设计了一个小广场,为建筑让出了有效的审美距离。在用地上这么大方的姿态和昂贵的建筑选材使这座大厦造价贵得惊人,这正是资产阶级业主所期望的豪华与距离。精美的玻璃幕墙矗立在城市中央,这在当时本身就是一个绝佳的广告牌,它也成为国际主义建筑的重要里程碑。这幢大厦总高达158米,位于纽约曼哈顿区花园街,在它的底部,只留有中央交通设备作为电梯用地,其他全部是开放的大空间。密斯·凡·德·罗设计整座大楼采用刚发明出的染色隔热玻璃作为幕墙,玻璃占外墙面积的75%且铜窗格镶包青铜,使大厦显得优雅华贵、与众不同。它是纽约最精美豪华的大厦,有着密斯·凡·德·罗精心的设计、昂贵的建材、精准的建造,密斯·凡·德·罗甚至对建筑细部处理都慎重推敲,它的简洁细致无不突出了材质品质和工艺审美。

西格拉姆大厦是现代建筑的杰出代表之一,实现了密斯·凡·德·罗在20世纪初对摩天大楼构建的理想。尽管密斯·凡·德·罗早已逝世,但他倡导的"少即是多"理念、对技术精湛的追求以及对玻璃运用的独到见解,极大地丰富了建筑艺术。西格拉姆大厦不仅是他的杰出之作,更是对这位卓越建筑设计师的最佳纪念。通过这座大厦,人们能够感受这位建筑大师的卓越贡献。西格拉姆大厦建成后,"密斯风格"在全世界蔓延开来,几乎每一座城市能看到这样的方形玻璃办公楼,"密斯风格"也成为国际主义风格影响至今。

五、芝加哥湖滨大厦

建于1951—1953年的湖滨大厦坐落在美国芝加哥密歇根湖畔,此建筑是建筑师密斯·凡·德·罗设计的早期高层建筑的代表作。(图7-7-12)公寓全部由钢和玻璃标准件构成,就像两幢26层的方盒子,住户可随意灵活隔断其内部的空间。这种如同玻璃盒子式的摩天大楼"样板"建筑在美国甚至全世界流行开来,有着"密斯风格"之称。

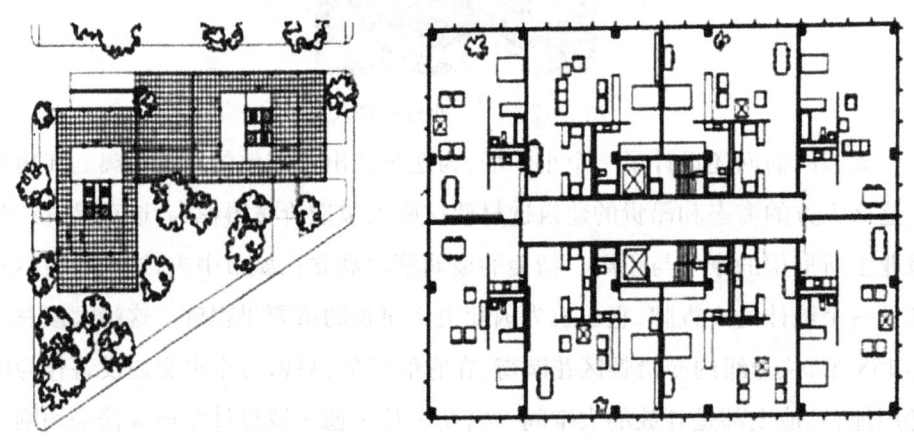

图7-7-12　湖滨大厦平面图

从密斯·凡·德·罗对建筑用材、功能、装饰等方面的处理方式来看,他与早期现代主义建筑代表格罗皮乌斯以及勒·柯布西耶都有很大不同。以密斯·凡·德·罗为代表的国际主义风格建筑延续了早期现代主义简洁和世俗化的倾向,却已俨然离距了早期现代主义建筑倡导的民主原则、经济原则、功能主义原则,在精神上和现代主义相脱离,但符合美国资产阶级、大企业、中产阶级的形象要求。因此,毫无疑问,国际主义风格建筑是现代主义理想的转向。湖滨大厦体现了密斯·凡·德·罗"皮与骨"的精神,建筑外观是简单的立方体,为了强化幕墙的钢架("骨")与玻璃("皮")之间的关系,密斯·凡·德·罗在金属骨架外特意加了工字钢梁。这种纯粹为视觉效果而做的处理方式,成为密斯·凡·德·罗本人作品的一种构件关系特色。(图7-7-13)

图7-7-13　湖滨大厦外观

六、德国西柏林新国家美术馆

1968年建成的西柏林新国家美术馆(图7-7-14)由边长64.8米的正方形钢与玻璃建构而成,是密斯·凡·德·罗的最后一个作品。该建筑由放在四个边上的8.4米高的8根十字形截面钢柱支撑起屋顶,使用一个球形结构来连接钢柱和屋顶。大厅内部安排了一些具有流动性的展览品,并通过活动隔板进行分隔。在建筑下方的另一展厅中,展示了一些要求特别保护的高要求展品。一组金属人形抽象雕塑被摆放在展览馆前,与玻璃盒式建筑相协调。在密斯·凡·德·罗近40年的建筑设计生涯中,自巴塞罗那德国馆起,一直到德国西柏林新国家美术馆的建成,他将金属支柱"玻璃盒子"的建筑风格展现得淋漓尽致。归根结底,他是通过建筑把蒙德里安的概念给表达了出来。

图7-7-14　德国西柏林新国家美术馆

基本网格模数是1.2米的西柏林新国家美术馆,最直观的就是在底座平台的地面铺装中,钢构顶棚的每一格构大小是3.6米,也就是基本模数的3倍,顶棚的四个方向上各有18格构成。从建筑形体上看,西柏林新国家美术馆是两层的正方形建筑,地上有一层,地下有一层。

西柏林新国家美术馆突破了传统的设计手法,不再采用手工业方式的精雕细刻和以装饰效果为主的建造砖石建筑的手法。相反,它通过运用新的建筑材料,如钢铁和玻璃等,展现出新颖而精确的美感,同时强调材料本身的纹理美和质感美。墙体与顶棚相接,采用从地面一直延伸到顶棚的玻璃墙,摒弃了传统的有过渡或连接部分的设计,呈现出简洁而明快的外观,展现出一种华贵的气派。

第八节　赖特与有机主义建筑

赖特(图7-8-1),美国著名的建筑师,美国现代主义建筑的先驱,曾师从著名的建筑师路易斯·沙利文,被誉为美国本土建筑的开创者。他是西方现代主义建筑美学的代表人物之一。他在1888—1893年间加入了由沙利文与艾德共同创办的设计事务所。在1894年,他创立了自己的设计事务所,并开始设计草原式风格的住宅。在这个时期,他放弃了芝加哥学派的古典檐口柱式,展现出了新的设计理念。赖特在英国讲学期间,也就是1939年春,荣获英国皇家建筑师协会荣誉会员。1941年,赖特获英国皇家建筑师协会金牌奖;1949年,赖特获美国建筑师协会奖章。

图 7-8-1　赖特

一、设计理念

从自然主义、有机主义、中西部草原风格、现代主义到追求所热爱的美国典范,赖特每个时期都会对建筑界产生不同的影响与冲击,其主要设计理念如下。

(一)有机建筑的设计理念

(1)建筑是自然且真实的,有机是指本质的、统一的、完整的。

(2)设计要突出建筑内涵,由内而外进行。

(3)表现出材质本身的质感,密切结合周边的环境。

(4)赖特认为"土生土长"是所有真正艺术及文化的必要领域,他信仰真、纯、诚、朴。

(二)草原式住宅的设计理念

(1)建筑与环境相结合,达到和谐统一的关系。
(2)室内空间做到舒展、自由,被分割的小空间相互流动且能自由开合。
(3)为了室内外环境相协调,可适当保留自然材料。
(4)室内陈设偏低层布局,天花板较低且略有倾斜,室内有亲和感、安全感。

二、代表作品

赖特的代表作有:落水山庄(又称流水别墅或考夫曼住宅)、威立茨住宅、罗比住宅、古根海姆美术馆、西塔里埃森莱特住宅兼设计事务所、约翰逊公司行政楼、东京帝国饭店等。其中落水山庄是赖特最出奇制胜的作品之一。

(一)落水山庄

落水山庄(图7-8-2、图7-8-3)也称流水别墅,是赖特于1937年为匹兹堡的富翁埃德加·考夫曼在宾夕法尼亚州的熊跑谷建造的住宅,是赖特所有作品中最受世人喜爱的一座建筑,特别是在看到这座建筑之下有着潺潺流水的景象时。客观地讲,这个视点夸大了悬臂伸出的幅度和形体的升腾感,但捕捉了这座非同寻常的住宅的感觉。流水别墅中的溪流是从房屋的旁边与下面流过的。悬挑的露台似乎将溪流引到了框架之下,露台上有一跑楼梯神秘地通向了水边。这座建筑就是从这种与溪流和基址环境亲密无间的联系中获得了它那独一无二的精神。带有乡间屋舍色彩的烟囱和墩柱从它们所坐落的露出地面且高低不同的岩石间腾跃而出,而从柱墩上,巨大的钢筋混凝土露台突伸到峡谷与密林中,使自然与建筑紧紧地融合在一起。赖特以自己的方式处理钢筋混凝土,就如同被浇筑成有着柔和而圆润边缘的石头一样,而不像勒·柯布西耶那样有着锋利边棱的薄膜。除了其他因素之外,基址的选择与设计的独具匠心,使流水别墅与欧洲盛期现代主义的住宅截然不同。(图7-8-4至图7-8-6)

第七章　现代主义建筑及现代建筑大师与其作品

图7-8-2　落水山庄1

图7-8-3　落水山庄2

图7-8-4　落水山庄室内1

图7-8-5　落水山庄室内2

图7-8-6　落水山庄室内3

这座流水别墅共有3层，占地面积约为380平方米。其设计独具特色，将建筑的中心定位在第二层，即主入口的起居室。从中心向左右延伸的是其他房间，强调了块体组合的外观，使建筑呈现出明显的雕塑感。在平台下方，清澈的溪水流淌而过，使建筑、山石、溪水和树木自然融为一体。别墅的室内空间相互穿插，自由延伸，使内外空间得以相互交融，是空间处理的典范。

流水别墅在一种危险平衡中包含了极端而相对的元素。这些空间位于建筑与建筑、建筑与环境（如走道、桥、平台及台阶）之间，不仅用于限定建筑形式，也形成了独特的空间体验。别墅主要通过嗅觉、触觉和听觉等感官因素，让人们从意象感知到实际感受，以运动感知的方式与流水别墅进行建筑交流。

（二）威立茨住宅

1902年威立茨住宅建成（图7-8-7、图7-8-8），坐落于伊利诺伊州，是赖特草原式住宅的代表作。它建在周围是树林的平坦草地上，用当地民间住宅最常用的十字形平面来设计。赖特的设计更加灵活，门厅和客餐厅间不完全进行分离，以此来增加室内空间的连续性。建筑外墙打破了旧式住宅的封闭性，用连续成排的门和窗来加强室内外空间的联系。高低错落的建筑外形及伸得很远的坡屋顶构造出大挑檐。

图7-8-7　威立茨住宅1

图7-8-8　威立茨住宅2

（三）罗比住宅

罗比住宅（图7-8-9、图7-8-10）是赖特大草原模式风格的代表作，也是芝加哥南部芝加哥大学校园中国宝级的作品，有现代主义建筑风格之称，为20世纪建筑发展指明了方向。罗比住宅兴建于1909—1910年，从设计到竣工仅用了一年多时间，这样的建设速度在当时是不多见的。

图7-8-9　罗比住宅

图7-8-10　罗比住宅细节

住宅主人弗雷德里克·罗比于1911年搬离了该住宅，但直到1926年，罗比住宅还一直被用作私人住宅使用。1926年罗比住宅迎来了其生命中的第一个转折点，它连同其中的家具被卖给了芝加哥神学院，用作学生公寓，这在一定程度上加速了建筑老化。到了1975年，"年过半百"的罗比住宅面临一次生死攸关的考验：面临着被拆毁的危险。不过，它最后被一家房地产公司买下，免遭拆毁。现在罗比住宅被作为博物馆对外开放，供一些学者研究和一些游人观瞻。它像别的古建筑一样,很多人只愿意品评和玩味它们却很少有人再愿意住进这样的房子里。从某种意义上来说,它也会逐渐被不断变化的现代人所抛弃,并终将化为尘埃融入历史长河中。

这种草原式建筑展现出人类活动、技术、大自然三者的相互结合。赖特改造用地紧张的局面,他绞尽脑汁让植物深入建筑内部,让人拥有与大自然相处的空间。在它的内部空间,挑台和出檐穿插成一种抽象的形态,很像一架振翅待飞的飞机。

(四)古根海姆博物馆

位于纽约中央公园对面的古根海姆博物馆(1956—1959年)(图7-8-11),像一座太空船,坐落在令人生畏的、刻板的第五大道上,它也是美国工业个人主义的象征,在这里却被定位成了公共的利益而不是私人的娱乐之上。著名的主要展览空间独特而简单地用了一个展开的螺旋形坡道,悬挂在薄而放射状布置的柱墩上。展出的绘画主要是沿着坡道外侧的墙面布置,并通过一个综合了充沛的天光与人工光的方式来提供照明(最初也从螺旋形外墙的狭长开口处采光)。螺旋形体量是从有一个街区长的基址的一端,通过环形混凝土板螺旋向上的(包括了较多的展览空间),在混凝土板下有一个来访者的入口可以进入博物馆。有一个用以平衡体量的对比性的方形和圆形的体块在混凝土板的另外一端升起,其中包含了管理办公用房。(图7-8-12至图7-8-14)

图7-8-11　古根海姆博物馆

世界建筑艺术设计概论

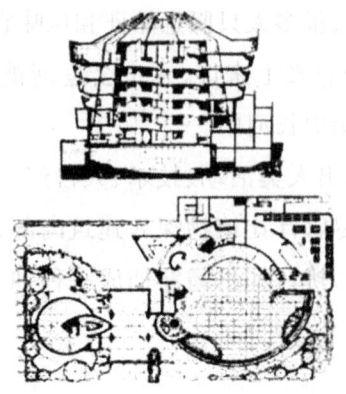

图 7-8-12　古根海姆博物馆平面图

图 7-8-13　古根海姆博物馆楼梯

图 7-8-14　古根海姆博物馆顶棚

在古根海姆博物馆，赖特将拉金大厦的潜在设计转变为一个最不可思议的空间体验,但是这座建筑物却因没有能够提供一个像绝大多数博物馆一样的中性的、直角的空间以便避免在矩形的展览画幅与倾斜的墙面之间那不可避免的冲突而备受诟病。赖特却有不同的感觉:"我在构思这座建筑的平面时,并不是要让绘画艺术向建筑低头。相反,而是要使建筑与绘画成为一种连续而不中断的、优美的交响曲,这样一种艺术在此前的艺术世界中是从未见过的。"①

(五)西塔里艾森住宅兼设计事务所

赖特在1911年建造了一处居住和工作的总部,称为"塔里埃森"(图7-8-15)。1938年,修建了一处称为"西塔里埃森"的在冬季使用的总部。他的很多追随者包括世界各地的学生,都去他那里一边工作一边学习。赖特一向反对正规学校教育。总部工作有设计画图、家事或农事活动、建筑修理等。简单地说,这就是以赖特为中心的半工半读的学院和工作集体。

图7-8-15 塔里埃森

西塔里埃森是一片单层建筑群,坐落于荒漠之中,包括访客区、住宅、工作室、起居室、文娱室等。(图7-8-16)由于该地雨水稀缺、气候炎热,因此建筑方式十分独特。建筑的矮墙和墩子都采用当地的石块和水泥建造,表现出浓厚的质感。为了应对高温天气,建筑上覆盖着厚实的木料和帆布,这些遮盖物在通风的时候可以打开或移走,确保了室内的通风和舒适。这种设计巧妙地融合了当地的气候条件和建筑材料,展现了对环境的精准适应,建筑还有石头堆砌

---

① 佟威正.路易·康未建成建筑光线设计研究[D].北方工业大学,2023.

的地堡,也有临时搭设的帐篷。

图7-8-16 西塔里埃森室内

(六)约翰逊公司总部办公楼

约翰逊公司总部办公楼(图7-8-17)是赖特有机主义建筑思想的代表作,与赖特另一作品——流水别墅,都表达出根据自然节律建造的思想。约翰逊公司总部分北侧庭院、实验塔楼、南部办公楼三部分,其中,完整的矩形办公空间、北侧嵌套对称的会议厅、私密办公楼组成办公楼部分。办公楼入口北侧分别设有车库、娱乐平台、壁球馆、停车场,其入口向北。该建筑的最大特色是开敞办公大厅,它的二层是演讲厅,呈现探出、架空的姿态,上部通过天桥连接汽车库顶上的庭院、管理人员办公室;夹层的办公区是供各部门负责人办公的地方,围绕办公大厅一圈;办公大厅的两侧有两个圆形旋转楼梯,呈对称分布。办公楼总图很像印第安图腾,有种神秘感。(图7-8-18)

图7-8-17 约翰逊公司总部办公楼

第七章 现代主义建筑及现代建筑大师与其作品

图7-8-18 约翰逊公司总部办公楼室内空间

这座大楼矗立在一个宽敞的四周围合的庭院中。赖特在最初的设计草图中采用均衡水平构图，设计出一个独特的塔楼。通过观察整个模型和立体空间，他深入研究了塔楼，将其作为庭院的焦点。这种平实而规整的庭院形式带有一种日本佛寺建筑中"禅宗"的寓意。通过组合简洁的元素，赖特创造出一种超越凡俗的精神意境。约翰逊公司总部办公楼的设计巧妙地运用了方形庭院和方形塔相互呼应的设计理念。在塔楼内部，方形的外墙与圆形的楼板相切，创造了异形空隙，形成了多种不同比例的交替空间，增强了整体空间的流动性。办公楼的伞形圆柱结构体系被称为"树柱"，是赖特对亚利桑那仙人掌空心结构的研究成果。这个独特的结构系统将力学承载、空间划分和建构形态巧妙地融合在一起。"树柱"系统具有均质性和整体性，通过连续的钢架作用，这些圆柱与顶端相连并固定在地板上，发挥着重要作用。线性杆件的均质排布有助于提高整体结构的稳定性，减轻个别杆件的压力，延长使用寿命。整个设计呈现出一种全新的构造和空间对话，为20世纪建筑学引入了新的结构元素。

（七）东京帝国饭店

1915年，赖特在被邀请到日本时，设计了一座独特的豪华建筑，即东京帝国饭店（图7-8-19）。这座饭店平面呈"H"形，层数适中，内部有多个庭院。建筑主要采用砖砌结构，外观繁复而生动，装饰着丰富的石雕。（图7-8-20）赖特巧妙地将西方和日本设计元素相结合，同时在装饰图案上呈现了墨西哥传统艺术的特色。这种独特风格的建筑在美国太平洋一些地区也有过类似的实践。

图7-8-19　东京帝国饭店

图7-8-20　东京帝国饭店饭店室内

在结构方面,该建筑采用了新的抗震措施,考虑到日本地震频发,设计中还考虑到了水池可以充当消防水源。1922年建成的东京帝国饭店在第二年经受住了大地震的考验,周围许多房屋都倒塌了,帝国饭店却安然无恙,展现出其在结构设计上的成功。

(八) 拉金公司大厦

1904年,赖特在美国纽约州为拉金肥皂公司设计了一栋办公楼。大楼内部的玻璃顶天棚周边有四层楼高的走廊,这与前一年建成的阿姆斯特丹交易所的内部空间相似。这说明赖特和交易所设计师伯拉格二人的设计在空间上相契合,二人对即将到来的"荷兰风格派"有着深远影响。拉金办公楼精神面貌也和贝伦斯的透平机制造车间呼应,却比它早4年出现,是赖特的代表作品之一。(图7-8-21)

图7-8-21　拉金公司大厦

拉金大厦的业主是一位邮政投递商,其建筑内部的布局首次运用了大空间隔断的设计方法,以达到最高的劳动效率,即开敞式办公。这座建筑是一座砖墙的多层公共建筑,在四角设置楼梯,在突出于体块外面的一个建筑体量内部设置入口门厅、厕所,中间的面积是办公区域,五层高的采光天井是中心部分,上有玻璃顶棚,是个适合办公的建筑。外形上,赖特完全摒弃了传统的建筑样式,除了极少的地方重点做装饰外,其他都是朴素的清水砖墙,檐口也只有一道简单的凸线,房子的入口处在侧面凹进的地方,是颇为新颖的做法。拉金大厦首次运用了高层中庭的概念,这比波特曼空间的应用早了至少50年。这次赖特的合作者是维也纳分离派的奥托·瓦格纳。赖特把建筑当作一个生命体,知冷暖又有呼吸,可代谢也能循环,把环境调控的外延延伸到光学、声学、热工学。

第九节 阿尔托与人文及地域主义建筑

阿尔托(图7-9-1)在20世纪20年代早期的设计风格是新古典的传统主义,在20年代晚期汲取了格罗皮乌斯、勒·柯布西耶和其他人的盛期现代主义,并将其转化为自己独特的反现代主义的设计模式。虽然他的作品展现出了有趣的组合方式,但缺乏其他现代建筑作品的视觉冲击力。

图7-9-1 阿尔托

与其他现代主义建筑师倾向于将功能主义作为一种姿态与面孔的做法相反,阿尔托真正想要的就是功能主义。

一、维堡图书馆

阿尔托在1927年维堡图书馆的招标中获胜,他于1933年开始设计,1934年才真正开始建造。在设计初稿里,他采用古典主义的清晰线条,但在该项目实施时,又融入了对建筑的新看法。该建筑有两个大空间融在一起,创造出一个常规的功能区,有入口、楼梯、通往观众席的前庭。然后,阿尔托还特别注意细节,设有阅览室、儿童图书馆。在阅读区,设置圆锥形天窗状的照明灯,目的是遮挡部分光线,让读者不会晃眼。(图7-9-2至图7-9-4)

第七章　现代主义建筑及现代建筑大师与其作品

图 7 - 9 - 2　维堡图书馆

图 7 - 9 - 3　维堡图书馆室内 1

图 7 - 9 - 4　维堡图书馆室内 2

这座建筑物有两个大小不同的白色灰泥抹面的矩形体量，在侧墙处部分地叠合在一起。较大体量部分主要被阅览室占用。较小部分内则没有演讲厅。书库则布置在较低的一层，与一个儿童图书馆结合在一起，并且通过一个有独创性的十字轴式入口系统将其联系在一起。这个阅览室是 20 世纪最为明晰的室内设计中的一个。它那清楚的几何形体、白灰粉刷墙面的严肃感,使得它与其外观一样,透着盛期现代主义的精神。主要楼梯的栏杆在楼梯的入口部分,是一个自由流动的架子,它的扶手虽然看起来很轻快,但其形状并不是为了装饰,而是为了手握的便利,就如同楼梯的梯级和踏步在形式上是为了便利脚下行走。成排的锥形天窗既现代又优雅,为图书馆提供充沛而均匀的光线。同样,从天花板上凸出来的那些小的装置,不是直接为了人工采光,而是为了以一种柔和的照明来清洗墙面的。墙面上是完全没有窗子的。在一个盛期现代主义的室内甚至更为反常的是,这些墙体是用坚固的石材建造的,有30英寸厚,这是为了将室外街道上的噪声与室内隔绝开来。阿尔托用了一个过滤的空气系统和散热系统实现了这些舒适的效果。因此,虽然阅览室看起来与盛期现代主义的效果一致,但通过对它做这样的一些处理,可以使我们在视觉、审美感觉、听觉等方面有不一样的感觉。

图书馆的演讲厅是最突出的反现代主义的实例。无可否认的是,其一条长侧墙以盛期现代主义的开窗法向相邻的花园开敞,但是木制的尽端墙和天花板却戏剧性地设计成为一种波浪形连续的统一体式,形成了室内的控制性因素。这些木制嵌板表面的设计是为了听觉的最佳效果,而不是出于什么别出心裁的形式主义。在维堡图书馆之后,这种起伏式波形曲线经常地出现在了阿尔托的作品中,并且总是能够很恰当地将功能与强烈的视觉要求结合在一起。

二、帕米欧肺病疗养院

帕米欧肺病疗养院(图7-9-5)建造于1929年,是阿尔托理性主义的第一个白色时期的杰出作品,1933年建成。这座疗养院坐落在一片山丘区域的中部,周围环绕着浓密的树林,并远离村庄和农舍。阿尔托的设计是让阳光、空气都尽量符合治疗肺结核病人的需要,他是位标准的功能主义者。疗养院每个病室都有良好的光线、通风、视野和安静的休养气氛。这座休养院的平面呈长条状,且有通廊连接,之间并不平行,表达出功能与自由结合的风格。第一排建筑,病房大楼的轴线沿西南方向展开,使得病房既可以照射到早晨的阳光,又可以避免傍晚西晒,公共走廊则朝北。第二排建筑有四层,与病房大楼并不平行,目的是不被前排大楼遮挡光线。第三排是单层,与第二排大楼的夹角为钝角,目的是减少对第二排大楼的噪声和空气干扰。此建筑随着地势的起伏,平面上向西张开,又引入了当地的主导风向。疗养院最重要的部分是七层的病房大楼,呈一字排开,房间光照良好,对面是原野和树林,充满新鲜空气和广阔视野。

图7-9-5　帕米欧肺病疗养院

病房采用钢筋混凝土结构,在外面可以清楚地看出它的结构布置。外立面十分简洁,玻璃窗呈长条状,二者相互呼应。最底层的黑色花岗岩与白色墙面形成强烈对比。放在阳台上的玫瑰色栏板,让建筑简洁的线条又有着跳跃的动感。平屋顶、屋顶台的侧墙前种植有松树,以此来为患者提供新鲜的氧气。(图7-9-6、图7-9-7)

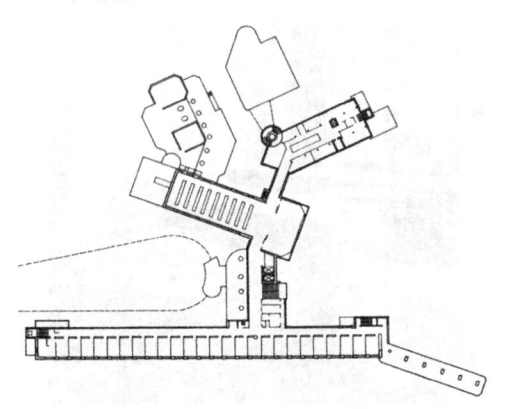

图7-9-6　帕米欧肺病疗养院平面图

图 7-9-7　帕米欧肺病疗养院阳台

室内色彩比较淡雅，在细节部分，考虑到病人器具的需要，并不单纯追求理想化、抽象化的造型模式。疗养院各处都被做成弧形，这是一种人性化关怀，打扫卫生也更加方便。黄色地面给人一种温暖的感觉。（图 7-9-8 至图 7-9-10）

图 7-9-8　帕米欧肺病疗养院室内 1

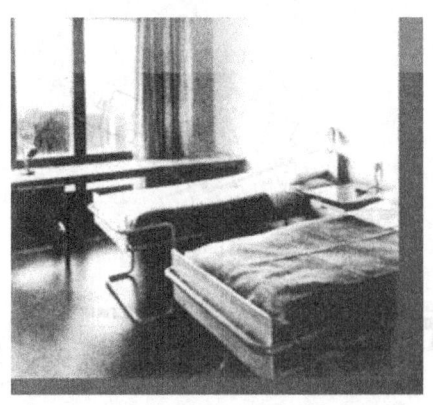

图 7-9-9　帕米欧肺病疗养院室内 2

图 7-9-10　帕米欧肺病疗养院室内 3

楼梯的处理也考虑到病人使用的需要,封闭栏板消除了可能出现的卫生死角。(图 7-9-11)楼梯扶手转角处被做成弧形,靠墙扶手,局部护板简单实用。因为结核病具有传染性,所以门庭中的咨询服务台全封闭,为医护人员健康安全作保证。用环境柔化的手法装修病房内部,地板、天花板都是木板做的,用柔和质感的材料饰面做墙面,用淡雅的暖色装饰病房,可让病人放松精神。病床的钢木结构轻便实用,造型柔和,也表现出细腻精巧。在帕米欧肺病疗养院中,我们可以看出阿尔托反对千篇一律的"方盒子"倾向,他所设计的建筑功能灵活,使用方便,造型艺术温文尔雅,空间处理自由活泼有动态;他不回避现代科技,而是利用现代技术来为使用者提供更好的服务。

图 7-9-11　帕米欧肺病疗养院楼梯间

三、芬兰萨依诺萨罗市政府中心

20世纪50年代起,阿尔托利用超级简单的几何形式构建这个大型建筑群(图7-9-12),有大天窗。这座建筑充满了现代主义的色彩,然而其所采用的材料,包括木头、红砖、黄铜等,却完全是斯堪的纳维亚地区的特色。它既保留了传统文化的特色,又采用了现代主义的设计形式,成功地将现代功能与传统审美巧妙地融合在一起。因此,斯堪的纳维亚地区的人们对这座建筑广泛关注并纷纷效仿。尽管芬兰是一个相对较小的国家,但在美国推动国际主义风格运动的大背景下,芬兰成功地坚守了本民族精神,发展出了本土的现代建筑风格,阿尔托在其中功不可没。此建筑平面是"方套方",方形的平面、方形的内院、内院东边是方形会议室。

图7-9-12 萨依诺萨罗市政府中心

建筑的最显著之处是会议室,位于建筑最高处,引人注目。室内透过双层木制高窗,使得自然光线充足,空间更显得生动。建筑顶部的木构架不仅是结构要素,同时也充当了室内的装饰。整个室内都经过阿尔托精心设计,包括灯光、家具和设备等。此外,建筑外部采用裸露的红砖,凸显了其原始的质感。

红色粗糙墙体掩映在葱郁绿色中,使建筑与自然环境形成强烈对比又紧密相融。这是因为芬兰战后资源贫乏,也因为阿尔托迷恋意大利古镇风格的设计:将乡土的和古典的形式融汇到一种原始且更真实的表现形式之中。[①] 提到

[①] 沈晓舟.现代建筑立面造型细部设计[D].合肥工业大学,2010.

这个市政厅时,阿尔托说:"封闭的内部庭院是我设计的主题,通过这种神秘手法强调政府机构的功能。庭院在政府机构建筑中有着同中世纪文艺复兴时期古代罗马、古代希腊庭院一样重要的功能。"(图7-9-13、图7-9-14)

图7-9-13　萨依诺萨罗市政府中心侧立面

图7-9-14　萨依诺萨罗市政府中心庭院

四、美国麻省理工学院

美国麻省理工学院坐落在波士顿附近。阿尔托在1946年受托在查尔斯河海岸线设计一栋学生宿舍楼(图7-9-15)。他把宿舍楼设计为蜿蜒曲折的形式,使宿舍大部分房间都面向太阳与河流,所以宿舍为弯曲的形式,成为一道流动的风景。西面是次要空间,有走廊、公用房间、楼梯(大厅一层入口处)。他把自助餐厅和小卖部的高度降低,防止走廊光线昏暗。

图7-9-15 美国麻省理工学院学生宿舍

粗糙红石砖材料是宿舍的表面,灰色大理石材料是低矮的餐厅,有一座大型露天花园、常青藤缠绕的藤架位于西面。这座宿舍楼,有红色石砖墙和曲折蜿蜒的外形(图7-9-16),十分与众不同,是一座标志性建筑。当时的国际先锋派对这种北欧浪漫主义的建筑手法非常震惊。在理性主义的原则之下做出的反理性形式,体现出阿尔托对现代主义的否定。

图7-9-16 美国麻省理工学院学生宿舍建筑细部

五、赫尔辛基文化中心

芬兰共产党在1952年委托阿尔托设计一座多功能综合大楼即赫尔辛基文

化中心,用来总部办公。大楼于1958年建成。大楼分三个部分,都独立完成。办公楼有五层,共110个房间,包括会议室、办公室、休息室。规整的矩形平面,装饰用材为铜材料。贝壳形的会堂平面,有自由的线条。铺红砖的外立面,木材与面砖组成内墙。交通服务区连接着会堂和办公楼,包括大厅、演讲厅、图书馆、衣帽间、地下健身房、3间教室、5间会议室。会堂部分包括大厅(1500个座位)、一个餐厅、一个小型地下影院(现为会议室)。

对于文化中心会堂的声学研究,阿尔托说:"它的多功能性需要一流的声学设备,因此把它设计成螺旋形,采用混凝土墙体、木材和面砖搭配,墙和顶棚都能同时吸收或反射声波。代用墙板不仅能满足不同声学需要,同时保证了建筑线条的完整性。"[1]文化中心经常被用于会议、乐队排练及录音,声学处理得相当好。不规则的形体确切配合内部的空间变化,弯曲起伏的砖墙极具动感,外墙几乎没有窗户,阿尔托特意制造"V"形砖以呈现此效果。(图7-9-17)

图7-9-17　赫尔辛基文化中心建筑外观

第十节　斯东与典雅主义建筑

斯东(图7-10-1)的设计手法一成不变,作品很有个性,不仅重视理性,还用传统美学使现代材料和结构产生典雅、端庄又规整的庄严感,使人想到古

---

① 袁川川.探析阿尔托建筑作品中传统材料的运用[J].美与时代(城市版),2015(10):23-24.

典主义建筑形式。在后期,他多次用的设计手法和词汇都来自古典主义。大部分建筑评论家认为他的作品过度浪漫且复杂,同时也不喜欢他对大理石墙、细长柱子和装饰华丽的砖砌栏栅的运用,但大众喜爱斯东的建筑风格。

图7-10-1　斯东

一、新德里美国驻印度使馆

主楼是左右对称的长方形,圈柱廊遍布四周,有基座、柱子、檐部3部分。此构图和古代希腊神庙类似,柱子却是钢柱(有金色装饰的),薄薄的一片薄板,充满现代气息,与古典柱式比例相差很远。柱廊后的大片花格墙难免让人联想到著名的泰姬陵。这座融合了古典与现代、东方与西方建筑神韵的使馆,既高贵又典雅。当时印度总理尼赫鲁说:"我喜欢这座建筑,它体现出印度文化与现代技术的相互融合,让人印象深刻。"①这座建筑是典雅主义作品(图7-10-2、图7-10-3)。

---

① 沙曼托夫,维多夫罗,粟德祥.新德里法国驻印度使馆·印度[J].世界建筑,1990(6):54-56.

第七章 现代主义建筑及现代建筑大师与其作品

图 7-10-2　美国驻印度使馆

图 7-10-3　美国驻印度使馆建筑细节

二、纽约现代艺术博物馆

纽约现代艺术博物馆(图 7-10-4)位于曼哈顿第五十三街,在纽约市曼哈顿城中。它是世界最重要的现代美术博物馆之一,同法国蓬皮杜国家文化和艺术中心、英国伦敦泰特美术馆等齐名。最初,纽约现代艺术博物馆主要展示绘画作品,渐渐地扩大展品范围,如摄影、商业设计、版画、雕塑、电影、建筑等项目,目前艺术品数量已达 15 万件以上。典雅主义作为一种设计风格,虽然如其他风格一样有许多肤浅的粗制滥造的作品,但是这种风格有不少是兼顾技术、功能、艺术和创造性的。典雅主义追求钢筋混凝土梁柱形式上的精美。20 世纪 60 年代下半期,典雅主义倾向不再受人追捧,又因为它较易被接受,所以至今有时会出现。

289

图7-10-4　纽约现代艺术博物馆

第十一节　小沙里宁与有机功能主义建筑

小沙里宁（图7-11-1）的母亲是雕塑家，父亲是建筑师，他1910年生于芬兰，是20世纪中叶美国最有创造性的建筑师之一。他全家在1923年移居美国，1929年他去巴黎学雕刻，一年后回美国。1934年，在美国耶鲁大学建筑系毕业，工作于父亲的建筑事务所。1950年，他独自创业。他爱雕塑，一生都在不断创立新风格，没有固定的建筑风格。

图7-11-1　小沙里宁

小沙里宁于1951年在底特律市北边设计了通用汽车公司技术中心，很接近密斯·凡·德·罗的建筑风格。此建筑群拥有25幢建筑物，环绕一个规整且有雕塑特征的水塔位于其中的人工湖，小沙里宁的建筑风格初露。

有机功能主义注重建筑的外部形象,把建筑的形象和建筑的功能有机地结合来,建筑的形体具有明显的动感。

小沙里宁的代表作品有肯尼迪国际机场候机楼、耶鲁大学冰球馆、杜勒斯国际机场候机楼等。

一、肯尼迪国际机场候机楼

纽约肯尼迪国际机场候机楼是令人惊奇的作品(图7-11-2、图7-11-3)。它的建筑外形像个展翅大鸟,4块浇钢筋混凝土壳体组合成屋顶,壳体在几个点相连,天窗布置在空隙处,内部空间变化万千。它利用现代技术把建筑与雕塑相结合,是这一圈子中最为成功的表现主义与功能主义作品。只有在这样的建筑物中,人们的情绪和精神才能自由翱翔。

图7-11-2　肯尼迪国际机场

图7-11-3　肯尼迪国际机场室内

候机楼令人信服地暗示了某种巨大的、即将展翅而飞的远古鸟类,传递了某种有关飞行本质的内涵,其外观与其室内一样充满了优雅和流动的感觉。

二、耶鲁大学的冰球馆

1958年,耶鲁大学冰球馆(图7-11-4)由小沙里宁设计并建成,成为该校的标志性建筑之一。这座建筑突显了小沙里宁在现代科学技术领域的创新运用,将建筑形式提升到雕塑艺术的层次,堪称他最为杰出的作品之一。

图7-11-4　耶鲁大学冰球馆

该建筑的屋顶采用了一条弓背状的钢筋混凝土曲线脊梁,跨度达到了85米。悬索向两侧延伸,巧妙地支撑着这个宽达57米、总面积达5000平方米的宏伟空间,馆内足以容纳3000名观众。主入口朝南,同时还有6个较小的侧面出入口。鸟瞰的话,整座建筑独特地呈现出一条张开口的大鲸鱼或伏身于地的海龟的形状,曲线流畅而充满创意。室内悬挂着一些纤维挂件,如彩旗,既起到了扩散音响效果的作用,同时也为室内气氛增添了活力。

三、杜勒斯国际机场候机楼

小沙里宁的另一杰作是华盛顿杜勒斯国际机场候机楼。大楼为悬索屋顶,跨度45.6米,长为182.5米,人流沿纵向行进。跨中屋顶低矮,下设办理登机手续等一系列管理用房;跨端空间高敞,供旅客集散之用。结构形式与功能结合妥善,轻巧的悬索屋顶象征着飞翔,与结构本身的特点合拍,显得十分自然。

第八章

后现代主义建筑与当代建筑流派

20世纪70年代以后,随着各国经济和科学技术的发展与进步,人的权利与尊严在西方各国普遍得到充分的重视。受人文主义复兴思潮的影响,人们开始对现代主义建筑进行反思,现代主义建筑因此而受到挑战,后现代主义建筑和当代的各种建筑风格和建筑思潮由此而产生,它们主要表现在对个性化建筑充分的肯定和尊重。

第一节 人文主义与人文主义建筑

人文主义是一种理论体系。该主义倾向于对人的个性的关怀,注重强调维护人类的尊严,提倡宽容的世俗文化,反对暴力与歧视,主张自由平等和自我价值,并发展成为一种哲学思潮与世界观。

希腊人文主义是在对人性进行深入思索的过程中逐渐形成的,它根植于古典时代。希腊人文主义对人性有着独特的理解,认为身与心、灵与肉、感性与理性应当统一,其对人的理想和总体追求是创造身心美兼具的人,既具有世俗性,又具有神圣性。希腊人文主义的理性智慧在雅典城邦民主政治制度鼎盛时期诞生,并在城邦由强盛转为危机时期完善。苏格拉底、柏拉图、亚里士多德等思想家是古典人文主义的奠基人和发展者。

文艺复兴时期,随着新兴城市市民阶层的崛起,一种带有浓厚的人文主义建筑逐步孕育、形成和发展起来。这种新建筑一方面表现为古代希腊和古代罗马建筑的复兴,另一方面表现为新兴自然科学知识用于新建筑中,同时新建筑理论相继崛起。创新性、古典性和人文性是文艺复兴时期人文主义建筑的主要特点。

(一)人体形象美

古代希腊和古代罗马建筑的柱式运用是其特色之一。在这两种建筑风格中,柱式被赋予了重要的审美和结构意义。古代希腊的多立克柱式以雄壮、刚挺的特点为主,爱奥尼柱式代表女性的阴柔之美。在古代希腊建筑中,这两种柱式体现了对于男性和女性之美的不同追求,柱式的设计巧妙表达了审美理念,成为古代罗马建筑风格的重要组成部分。

(二)人体比例美

在古代希腊神庙中,柱子的高度和直径之比、柱子之间的间距等都是根据人体的比例来确定的。希腊建筑师通过仔细观察人体结构,特别是人体骨架和肌肉的比例关系,将这些关系运用到神庙的柱式设计中。例如,多立克柱式就采用了一定的比例关系,其柱的高度通常是直径的1/6,柱子之间的间距也是通过一定的比例来确定的。

(三)文艺复兴建筑风格

在文艺复兴时期,建筑师深受人文主义思想的影响,将人体美视为均匀完美的典范。通过采用古典柱式,建筑呈现出庄严与优雅,并在古典基础上展现灵活性和大胆创新。建筑师巧妙融合各地建筑风格,形成独特风格,并运用文艺复兴时期的科技成果,如力学和透视法,提升建筑结构和装饰水平。这些特点使得文艺复兴时期的建筑体现了和谐、独特、科技创新的特质。

(四)第二次人文主义复兴

第二次人文主义复兴指的是文艺复兴运动的第二阶段,发生在16世纪。这一时期主要涉及意大利和欧洲其他地区,与15世纪初的第一次人文主义复兴形成对比。艺术家们追求真实主义,通过透视和解剖学的应用创造出更为逼真的艺术作品,是一个在文学、艺术、科学和宗教方面都有深远影响的时期,为欧洲的现代化奠定了基础。

(五)国际主义风格

在法西斯威胁下,欧洲现代主义设计师迁往美国,将欧洲理念与美国社会繁荣相结合,创造了国际主义风格。由美国建筑师菲利普·约翰逊首次发现,并在20世纪六七十年代发展成熟,20世纪80年代逐渐式微。这一风格涉及多个设计领域,包括平面、产品和室内设计,强调全球通用原则,相对否定了个性化建筑。

第二节　后现代主义建筑的代表性建筑

后现代主义兴起于20世纪60年代,是一种反叛现代主义的文化思潮和设计风格。它反对过度逻辑、简洁和秩序,强调形式内容,倡导美术与大众文化、高雅品位与平民艺术的融合,呈现出一种文化上自由放任的设计风格。[①]

后现代主义建筑主要表现在对现代主义建筑的批判与否定,它们用古典建筑的设计理念和设计手法来体现后现代建筑的个性与特征。后现代主义建筑吸收各种古典建筑的元素,常运用夸张、变形、讽刺、比喻及折中主义的设计手法,具有强烈的引喻性、文脉性和装饰性。代表性建筑有如下几个。

一、纽约电话电报大楼

该大楼在建筑的前部沿麦迪逊街布置了高耸的拱券和柱廊,形成了18.3米高的有顶步行道,面积达1336平方米,建筑后部与大街平行有一条玻璃顶棚采光的廊子和三层通高建筑,建筑主体37层,分成3段,顶部是一个三角形山墙,中央上部形成一个圆形凹口,加强了建筑的对称性和古典性。基座高达36.6米,中间有一个30.5米的拱券,允许观众进入公共门厅的建筑中段,墙和窗户的比例参照了20世纪二三十年代曼哈顿其他的摩天大楼。(图8-2-1、图8-2-2)

---

① 周奇志.后现代主义服装设计特色研究[D].合肥工业大学,2007.

第八章 后现代主义建筑与当代建筑流派

图 8-2-1 纽约电话电报大楼　　图 8-2-2 电报大楼大门

大门厅中央矗立着太阳神雕像,采用传统石头、古典拱券,加入三角山墙创意,体现出后现代主义、装饰主义与现代主义结合,以及历史风格的折中运用。

二、波特兰市政厅

波特兰市政厅(图 8-2-3)是 20 世纪 80 年代美国办公建筑的独特代表,高 15 层。与冰冷的现代建筑和烦琐的古典建筑不同,它呈现为粗犷的"方筒子",底部有 3 层基座,上面是 12 层主体。大面积的象牙白色墙面搭配深蓝色方窗,正立面的 11 至 14 层创造了巨大的楔形结构,形似古典建筑中的锁心石。楔形下方是抽象简化的希腊神庙,呈现超常尺度的柱子形象,柱子上玻璃镶嵌棕红色竖条纹。柱子上方突出一对一层楼高的装饰构件,形似风斗。两侧柱头上方有一横条亮丽的深蓝色装饰,类似礼品花带子。

图 8-2-3 波特兰市政厅

297

三、斯图加特国立美术馆

斯图加特国立美术馆是当地著名的建筑之一，位于市中心边缘的坡地上。它由英国后现代主义建筑大师斯特林设计，于1983年完成。这座建筑突显了斯特林在20世纪五六十年代受高技派的影响，展现了各种元素的碰撞和符号的混杂。斯图加特国立美术馆被认为是斯特林最重要的作品之一，他因此荣获了1981年的普利兹克奖。（图8-2-4、图8-2-5）

图8-2-4　斯图加特国立美术馆1

图8-2-5　斯图加特国立美术馆2

斯图加特美术馆包括美术馆、剧场、音乐教学楼、图书馆和办公楼，形式丰富且功能复杂。其建筑既融入古典的平面布局，又巧妙地融合了现代元素，展现出独特的艺术韵味，为观众带来了耳目一新的体验。

第八章 后现代主义建筑与当代建筑流派

该建筑以花岗石和大理石为建筑材料，局部采用古典主义建筑的细节，如拱券、天井。但整体上的古典主义又做戏谑的局部处理，如扭曲的玻璃幕墙，粉红色的巨大扶手、莫名其妙的结构细节等。现代主义、波谱风格和古典主义被塞在一起，造成了古怪的效果，戏谑、冷嘲热讽的手段处处可见。斯特林采用简单的立体主义外形、低矮的整体，使新建筑在视觉上超越旧建筑，门口以标准的古典主义的轮廓开口，造成一个负形的古典三角门楣，是利用古典符号达到后现代主义形式主张的典型例子。（图8-2-6）

图8-2-6　斯图加特国立美术馆3

四、日本筑波中心广场

1983年的筑波中心广场（图8-2-7），运用了历史的、隐喻的、装饰的形式元素，广场与建筑设计有机结合，筑波中心广场是筑波科学城的一个有机组成部分。科学城位于东京以外的一个新城市开发区，这个城区的城市空间与建筑是一个统一的综合体。这个中心广场的设计方案包括了大量的对于城市理念和城市建筑的解释和说明。例如，它借鉴了罗马的坎皮多利奥广场，但是采用了更具特色的设计和色彩对比。筑波中心是矶崎新也是日本当代和后现代主义建筑史上的重要作品。

图8-2-7　日本筑波中心广场

五、美国母亲之家

母亲之家(图8-2-8、图8-2-9)坐落于美国费城栗树山,是文丘里于1962年为母亲设计的。这座住宅位于费城郊区宁静小路旁的一片平伸草地上。建筑的特色在于各单元以连接的方式组合在一起,呈现出明显可见的整体感。通过面对面、边对边的接触,各单元形成有序的组合,整体体验比单元分散要更大更丰富,展现了整体大于局部之和的概念。建筑立面起到模盘的作用,将所有单元联系起来,形成丰富的内涵。细部设计上存在一些不对称,但整体呈现出平衡感。底层包括主卧、客卧、起居室、用餐台和厨房,而上层则是文丘里的私人工作室。建筑功能分区明确,但单一,空间分割与组合清晰,延续了传统建筑设计的精髓。文丘里巧妙处理了流线中的门,使交通流线简洁而流畅。

图8-2-8　美国费城母亲之家

第八章 后现代主义建筑与当代建筑流派

图 8-2-9 美国费城母亲之家室内

第三节 后现代主义建筑设计特点及分类

20世纪五六十年代,一些西方学者提出了"后现代"或"后工业社会"的概念。这个概念确切地表达出和现代告别的意思。从语言的角度上看,当一个新时代依旧是以上个时代来定义时,就表明它本身有不明朗的特征以及对上个时代的依赖。

一、建筑设计特点分析

后现代主义在成为主流设计的过程中呈现出以下四个方面的特点。

(1)注重人性化和自由化。后现代主义是现代主义内部的逆反运动,反对现代主义的纯理性、功能主义和形式主义。后现代主义依然坚持以人为本的设计原则,突出人在技术中的主导地位,强调人机工程在设计中的应用,注重设计的人性化和自由化。

(2)强调个性和文化内涵。后现代主义反对现代主义的平庸和一成不变,以浪漫主义和个人主义为哲学基础。它推崇舒畅、自然、高雅的生活情趣,强调人性经验在设计中的主导作用,注重设计中的文化内涵。

(3)强调历史文脉的延续及与现代技术的结合。后现代主义推崇继承历史文化传统,强调设计的历史脉络。在受到世纪末怀旧思潮的影响下,它追求传统典雅与现代新颖相结合,创造出集传统与现代、融古典与时尚为一体的大众设计。

(4)矛盾性、复杂性和多元化的统一。后现代主义用复杂性、矛盾性替代现代主义的简洁性和单一性,通过非传统的叠加、混合等设计手段,以模棱两可的紧张感替代陈述明确的清晰感,其艺术风格强调多元化的统一。

二、后现代主义建筑分类(主要讲述新现代主义建筑)

(一)戏谑的古典主义

戏谑的古典主义是后现代主义中的一种显著类型,被广泛运用于许多后现代主义大师的作品中。其基本特征在于采用部分古典主义建筑的形式和符号,而表达方式则具有折中、戏谑和嘲讽的特点。这种风格与人文主义有着密切的联系,但它以嘲讽古典主义为特色。

(二)比喻的古典主义

比喻的古典主义也属于狭义后现代主义风格,这种风格在后现代主义中占有重要地位,以其采用传统风格的构思和将设计呈现为半现代主义、半传统风格而著称。与戏谑的古典主义不同,这一风格展现出对古典主义和历史传统的尊敬。从文化角度上看,这派的设计作品十分受大众欢迎。

(三)解构主义建筑

解构主义建筑在20世纪80年代后期崭露头角,是后现代建筑思潮的一部分。其核心特点在于对建筑整体进行破碎化,即解构。这一风格主要集中在对建筑外观的处理上,通过采用非线性、非几何的设计,创造出建筑单元之间关系的变形和移位,涵盖楼层、墙壁、结构和外观等多个方面。

(四)新现代主义建筑

新现代主义建筑是对后现代主义建筑的一种回应,强调通过简单和平民化的设计满足实用和廉价的需求,同时促成艺术和精神上的满足。该风格不追求过度设计、浪费建材和折损功能,体现了对经济实用性和可持续性的看重。

1. 康涅狄格州史密斯住宅

史密斯住宅(图 8-3-1)属于白色派的建筑风格,由理查德·迈耶设计,其拥有显著的非天然效果和脱俗超凡的气派,在美国当代建筑中有着"阳春白雪"的称号,其建筑风格被称为早期现代主义建筑的复兴主义。勒·柯布西耶对他的设计思想和理论原则有着极大的影响,故而使他偏爱阳光下的立体主义构图、光影变化和纯净的建筑空间、体量。

图 8-3-1 美国康涅狄格州史密斯住宅

(1)建筑形式纯净,局部处理干净利落,整体条理清楚,东南立面室外的楼梯和高耸的烟囱,还有横向的顶,由框架框住大片玻璃,以此来更清晰地区分室内空间和室外空间,避免人们内外不分,而通过框架玻璃这一应用,也使得户外美景更加美妙。

(2)在整个结构体系中,借用蒙太奇的虚实的凹凸效果,凭借开朗、跳动、意味深长的技巧彰显了空间的丰富,给予了建筑显著的雕塑风味。

(3)强调功能分区,特别注意公共空间和私密空间的严格把控。流线于三楼区域,以卧室空间为主要布局,通过卧室外的走廊空间,还能俯视两层挑高的起居空间。沿着楼梯向下走去,可以走到敞亮的起居室。在这里不仅能接待三五好友,而且还能透过玻璃欣赏窗外的美景,悠闲惬意的下午茶生活在此刻拥有了画面。走到一楼,主要是餐厅、厨房等服务型空间。屋外部分设有一座悬臂式的楼梯,是用金属栏杆扶手构成的,它在起居室和餐厅层户外平台两个部分起到承接纽带的作用,组成一套垂直动线系统。

2. 亚特兰大高级美术馆

美术馆的外观呈现出复杂多变的轮廓,主要以白色调为主。在阳光的照耀下,建筑形成了引人注目的光影层次。内部设计了一个扇形中庭,使得空间在垂直和水平方向上都呈现出多彩的景象。(图8-3-2)

图8-3-2 亚特兰大高级美术馆

3. 千禧教堂

千禧教堂(图8-3-3、图8-3-4)是白色派的代表作之一,有着三片如船帆状的白色弧墙。混凝土、石灰华和玻璃为建筑材料,使其表面具有明显的非天然效果。整个教堂的外立面由混凝土建成的片墙做支撑,用钢架、玻璃连接,没有任何花哨的色彩,使整个教堂显得特别纯净。在这种主要以直线为主、几何体还穿插着曲线的构造中,透过具有优雅比例的玻璃墙,内部清晰的景象展现在人们眼前,这些具有纵深感的空间与白色墙体的更迭交错,体现出一种特殊的节奏感与韵律感,它们不是同一构图元素的重复堆砌,更不是简单地强调垂直或水平感,而是利用建筑内在的呼应,向人们展示某种艺术品位的建筑,使人感到惬意和舒适,同时净化人们的心灵。地面用深桃木色来增加教堂的庄严、肃穆、神圣的感觉,将十字架放在高处,并用白色衬托,更让人仰慕,增强神圣的效果。

图8-3-3 千禧教堂

图8-3-4 千禧教堂室内空间

4. 道格拉斯住宅

道格拉斯住宅(图8-3-5)仿佛大自然的杰作,超凡脱俗,一尘不染。它是由室外楼梯和高耸烟囱,还有横向的顶以及透明玻璃窗所构成,是白色派作品中比较有代表性的一个。

图 8-3-5　道格拉斯住宅

道格拉斯住宅的后面,有由大片框架玻璃和金属的栏杆扶手,镶嵌在墙体之上,而高高耸起的金属烟囱,使整幢房子看起来更具有现代感。整个建筑坐落于绿树之中,与荡漾的湖水和蓝蓝的天空相呼应,仿佛大自然的杰作。整个建筑都是白色的,有大量的玻璃和框架将其分隔开,这里的框架起到分辨室内与室外空间的作用,避免让人产生内外不分的状况,而户外的美景,经过框架玻璃的框景,更形成了一幅绝美的风景画。在整体为白色的同时,沙发为黑色,有明显的跳跃性,并且运用木质颜色的地面,使整体不再单调沉闷,而横竖的框架结构使整个空间更加立体,更具有层次感。

第四节　当代建筑的主要流派——高技派

20世纪50年代,建筑设计风格注重展现工业技术。高技派理论倡导机器美学和新技术的美感,反对传统审美观念,强调设计作为信息传递的媒介和交际功能。在建筑和室内设计领域,高技派积极采用新材料和新技术,强调展示新技术的美感。对于现代主义建筑设计方法的理性思想,高技派持批判态度,更偏向注重技术的巧妙运用和强调"粗野主义"设计倾向。

高技派设计特点包括运用最先进的建筑材料,如高强度钢、硬铝、塑料以及多种化学制品,打造轻巧、材料使用效率高、能够快速灵活组装的建筑。高技派强调系统设计和参数设计,主张采用预制装配标准构件来展示技术的合理性和空间的可塑性,以实现机器美学的效果。

一、香港汇丰总行大厦

香港汇丰总行大厦(图 8-4-1、图 8-4-2)由著名建筑师诺曼·福斯特设计,由构思到落成耗时 6 年。整座建筑物高 180 米,共有地上 46 层及 4 层地库,使用了 30000 吨钢及 4500 吨铝建成。

图 8-4-1 香港汇丰总行大厦

图 8-4-2 香港汇丰总行大厦夜景

(一)设计特色

(1)建筑内部没有支撑结构,可以自由拆装,所有支撑结构均设在建筑物外部,使内部使用面积增大。

(2)玻璃幕墙的设计,光线充足。

(3)地下大堂正南正北,冬夏都能保持大堂凉爽。

(4)设计灵活,可按实际需要进行扩建而不影响原有楼层。

(5)楼内设有一部文件运输带,可每天自由传送数吨重的文件。

从建筑外部分析,大楼外立面为钢柱和钢桁架。底部完全开敞。这座大厦的建筑尽显现代技术的表现手法,属于高技派建筑风格。这些著名的高技派建筑的共同特点是将本身的结构完全展现,将多种设备的结构形状完全暴露,毫不修饰,然而却没有突兀的感觉。大厦巍峨矗立,有大都市建筑的风度,又变幻多姿,不失乡土气息,与香港这个充满朝气与独特情怀的城市风情相得益彰。

二、巴黎蓬皮杜文化艺术中心

1969年,法国总统蓬皮杜决定兴建蓬皮杜文化艺术中心(图8-4-3),整个建筑占地7500平方米,建筑面积共10万平方米,地上6层。整座建筑共分为工业设计中心、公共情报图书馆、现代艺术博物馆以及音乐与声乐研究中心四大部分。

图8-4-3　蓬皮杜文化艺术中心

中心大厦南北长168米,宽60米,高42米,有6层。支架采用两排间距为48米的钢管柱,楼板可以上下移动,楼梯和设备都露在外面。东立面的管道和西立面的走廊由圆形玻璃罩覆盖。建筑内有现代艺术博物馆、图书馆和工业设计中心,南边小广场下有音乐和声学研究所。蓬皮杜中心打破了传统设计规矩,突出现代科技与文化艺术的联系,是高技派风格的代表。高技派风格最明显的特点是外露的钢骨结构和彩色管道,管道颜色有规定,比如空调是蓝色,水管是绿色,电力管道是黄色,自动扶梯是红色。虽然这种建筑风格在建筑之初为当地民众所不满,但最终被广大民众所接受。

三、伦敦洛伊德大厦

洛伊德大厦（图8-4-4）位于伦敦市金融中心地带。其北侧对面为商业联盟和办公大楼，周围是曲折的具有历史文脉的古街道以及新建的办公大楼。洛伊德大厦位于老旧的商业中心与高层办公大楼的交接点，采用了一种独特的设计，将机械和循环装置放置在建筑的外部。大厦的立面并非连续的，更像是一系列独立的成套零件，使得室内空间更加模块化。建筑的立面呈现出被划分的外观，这种划分在平面上增强了模块性，在视觉效果上更为明显。

图8-4-4　洛伊德大厦

整栋大楼被不锈钢覆盖，呈现一种高科技、趋于后现代的美感。流线型的立面与机械及服务功能并置在外部，表达了大楼设计的重点在于其功能性。

四、欧洲人权法院

欧洲人权法院（图8-4-5）位于法国的斯特拉斯堡市，欧洲西部的中心地带。人权法院靠近大河，远离市中心，环境优美。建筑所采用的材料是混凝土和镶有玻璃的不锈钢面板，屋顶设有遮阳板，建筑结构外露，在建筑中形成了特有的建筑语言。

世界建筑艺术设计概论

图 8-4-5　欧洲人权法院

五、英国摘星塔

摘星塔(图 8-4-6)形状如锥,下宽上窄,塔尖消失在空中,类似哥特式建筑的高塔,设计汲取了伦敦历史尖顶建筑的灵感。建筑师皮亚诺采用新型玻璃材料构建墙体,呈现出富有表现力的外观。立面由不同角度的玻璃组成,反射光线,赋予天空多变景象。这种设计使建筑在不同天气下呈现独特而富有变化的视觉效果。

图 8-4-6　英国摘星塔

外部每一部分都由向内倾斜的玻璃薄片组成,逐渐向上生长,最终形成一座晶莹剔透的玻璃金字塔。建筑的顶层采用开放式的玻璃幕墙,创造了一个开放的空间,为整座建筑提供了呼吸的空间,同时也修复了基地的不规则形状。

六、德国慕尼黑奥林匹克体育场

慕尼黑奥林匹克体育场(图8-4-7)坐落于慕尼黑奥林匹克公园中心,是1972年德国慕尼黑夏季奥运会的主场馆。这座体育场馆以其引人注目的创新式帐篷式屋顶结构而享有盛誉。建筑的棚顶设计为圆锥形,由网索钢缆构成。每个网格尺寸为75厘米×75厘米,屋顶材料采用淡灰棕色的丙烯塑料玻璃。这种设计保证了覆盖区域的空间具有充足而温和的光照。

图8-4-7 德国慕尼黑奥林匹克体育场

七、东京国际论坛大厦

东京国际论坛大楼(图8-4-8)是位于东京都千代田区内的大型公共综合文化设施,也是东京举办国际会议的场所之一,由株式会社东京国际论坛大楼管理运营。东京国际论坛中心大楼设计之初,日本采用以国际建筑师协会为准的基础进行国际公开设计比赛,最终美国著名的建筑师拉斐尔·维诺利胜出。整座大楼建成于1997年,总耗资超过1647亿日元,建筑为地上11层,地下3层,内部设有会堂7个、展览厅、会议室34个、商店、餐厅、相田光男美术馆、太田道灌雕像等设施，可举办各种国际会议、音乐会、话剧演出、企业宣传活动以及展览等活动。

图8-4-8　东京国际论坛大厦

除了广泛的会场应用以外，东京国际论坛中心大楼也是东京知名的景点，拉斐尔·维诺利以船为题材，建筑物大堂通用玻璃建成，壮观的外形让无数建筑设计师惊叹不已，也让来自世界各地的游客争相在这里拍照留念。

第五节　当代建筑的主要流派——解构主义

解构主义兴起于20世纪80年代，是对现代主义理性功能的反思和对传统观念的冲击。

一、巴黎拉维莱特公园

巴黎拉维莱特公园（图8-5-1）坐落于巴黎东北角，有着便利的交通。设计方案以点、线、面三种元素为基础，通过叠加创造出整体。点元素由多个10平方米方格组成，线元素采用古典轴线，而面元素采用圆形、方形和三角形等几何形态。每个设计元素都是有秩序的机械结构，但在叠加过程中可能会经历变形，最终呈现一系列模糊的交叉，形成复杂多元的空间。解构主义强调模糊和多元化,由于结构复杂,存在一些工程技术上的挑战。

图8-5-1　巴黎拉维莱特公园

二、毕尔巴鄂古根海姆博物馆

毕尔巴鄂古根海姆博物馆造型奇特、夸张,主要建筑材料为石灰石和钛金属板。(图8-5-2)建筑外观扭曲、变形,采用夸张的设计手法,成为一道亮丽的风景线。博物馆要求提供能够展示三类艺术作品的空间,当代艺术家的展品被巧妙地安排在博物馆内,分散在一系列曲线形画廊中,使观众可以同时欣赏这些作品以及博物馆内的永久藏品和临时展览。博物馆的设计深受所在城市尺度和结构的影响,展现了建筑师对当地历史、经济和文化传统的关切和回应。

图8-5-2　毕尔巴鄂古根海姆博物馆

三、海牙国立剧院

海牙国立剧院(图8-5-3)是海牙市斯布依地段的主要公共建筑之一。它面向城市步行广场,西北方向为一座音乐厅,西南方向则是一座高层旅馆,音乐厅与旅馆之间正是引起了广泛议论的海牙国立剧院。它的外在形式为正方体,外立面波浪般的形体结构仿佛在演奏具有诗意的旋律。建筑入口处铺设深色玻璃门,同时内部空间采用明确的条块,划定功能分区。其中一层为演员更衣室,二层为行政用房,内部空间东北处为观众厅。

图8-5-3 海牙国立剧院

第六节 当代建筑中其他流派的建筑

建筑应充分地利用自然资源,尽量重复使用建筑材料,节约能源,减少污染,保护和尊重环境,实现人类的可持续发展。建筑应反映每个地区的文化和地域特征,创造性地适应和表现地方特色。建筑应适应人的生理活动范围,在短距离内解决工作和生活的各项内容,建设适于人类居住的生活环境。

第八章　后现代主义建筑与当代建筑流派

一、中国国家大剧院

中国国家大剧院(图8-6-1)位于中国北京市天安门广场西侧,是亚洲最大的综合体建筑,也是中国国家表演艺术及中外文化交流的最大平台。其特色设计之一是水下廊道。人们通过长80米的廊道进入大剧院,通过廊道进入壳体下的平台,空间豁然开朗,眼前则是一个充满浪漫艺术气息的殿堂。红色吊顶是剧院第二大特色,从地下7米进入壳体能看见木制的红色吊顶。建筑师把艺术、哲学等内涵很好地融合到建筑设计中。国家大剧院造型独特的主体结构,清澈见底的湖水,大面积的绿地、树木和花卉,极大改善了周围地区的生态环境,真切地体现了人与自然和谐共融、相得益彰的理念。

图8-6-1　中国国家大剧院

二、中国中央电视台总部大楼

中国中央电视台总部大楼(图8-6-2)地处北京商务中心区,大楼于2007年年底竣工,总体高度为234米。大楼拥有不同于一般高层建筑的坚实基础,足够稳固的基础是确保中央电视台总部大楼结构稳固的保障。中央电视台总部大楼表面由多样不规则的玻璃幕墙组成。玻璃幕墙不仅有自重轻、施工便利的优点,其反光性能更能使建筑与周围风景有机地结合在一起。

图8-6-2 中国中央电视台总部大楼

三、北京鸟巢体育场

鸟巢体育场(图8-6-3)外观运用了独特的网状结构,不仅结构特性十分出色,还很美观。它的形状是双曲抛物面,有利于场馆均匀分散荷载、减少材料使用量、构建优良的结构稳定性。场馆以大量钢材、玻璃为建筑材料,使得建筑物更坚固稳定,可承受巨大荷载。建筑的透明度、开放感是利用光线自由穿透玻璃的效果,显得十分明亮通透。此建筑的设计灵感源自鸟类巢穴以及中国古代的编织技术,它既有中国传统文化的特色,又呼应了奥运会主题。鸟巢体育场是融洽、包容、家园的象征,是北京乃至全中国的重要文化符号之一。

图8-6-3 北京鸟巢体育场

四、上海环球金融中心

上海环球金融中心(图 8-6-4)采用了高效空调系统、绿色节能、智能电梯等先进技术。该建筑在环境影响、能源消耗方面表现突出。在该建筑内部,配有智能化安防、楼宇管理系统,保证了建筑的安全性与舒适性。建筑顶部有个巨大的空中花园,方便人们欣赏城市美景。观景台上设有互动展览体验,方便人们深入了解上海的历史文化底蕴。该建筑内部的装修有着浓厚文化氛围,它融入中国不同地区的传统装饰元素,比如四川灯笼装饰、浙江扇面图案等。另外,建筑内部还有苏绣、江南烟雨图等。这些具有江南特色的工艺品以及装饰画为人们带来了一场美不胜收的视觉盛宴。

图 8-6-4　上海环球金融中心

五、迪拜摩天大楼

迪拜的摩天大楼(图 8-6-5)采用前卫的建筑形态和元素,设计风格独特,有流线型的楼体、尖顶、螺旋式结构等,有种时尚且现代化的风格。这些大楼设计出自安东尼·高迪、扎哈·哈迪德等世界知名建筑师之手,他们把创新的建筑技术、设计理念融入摩天大楼的设计中,使之成为地标性建筑。

图 8-6-5　迪拜摩天大楼

　　迪拜摩天大楼采用风能发电,配有太阳能电池板、绿色屋顶等绿色建筑技材料,注重环保和可持续发展,减少能源消耗及对环境影响。大楼还运用了节能空调系统、雨水收集系统等,能够高效利用资源。大楼将艺术性和豪华性相结合。它的内部装修和公共区域为了营造优雅且奢华的氛围,采用高档艺术品及材料。迪拜的摩天大楼还注重科技智能化,配有先进的智能化系统,以此来提高建筑的效率以及便利性,如智能安防系统、楼宇自动化系统、智能电梯等。另外,还采用虚拟现实体验、数字艺术墙等高科技展示及互动技术,让人们拥有崭新的感官体验。

参考文献

[1] 陈春红. 古代建筑与天文学[D]. 天津大学,2012.

[2] 徐洪涛. 大跨度建筑结构表现的建构研究[D]. 同济大学,2008.

[3] 李林. 梁思成建筑艺术思想研究[D]. 东北师范大学,2021.

[4] 吴良镛. 从"有机更新"走向新的"有机秩序":北京旧城居住区整治途径(二)[J]. 建筑学报,1991(2):7-13.

[5] 马爽. 威廉·莫里斯"艺术社会主义"美学思想研究[D]. 辽宁大学,2022.

[6] 郭萌. 极简主义在现代室内设计中的运用[J]. 北方工业大学学报,2010,22(2):80-83.

[7] 佟威正. 路易·康未建成建筑光线设计研究[D]. 北方工业大学,2023.

[8] 沈晓舟. 现代建筑立面造型细部设计[D]. 合肥工业大学,2010.

[9] 袁川川. 探析阿尔托建筑作品中传统材料的运用[J]. 美与时代(城市版),2015(10):23-24.

[10] 沙曼托夫,维多夫罗,粟德祥. 新德里法国驻印度使馆·印度[J]. 世界建筑,1990(6):54-56.

[11] 周奇志. 后现代主义服装设计特色研究[D]. 合肥工业大学,2007.

参考文献